U0316139

江西省青年科学基金项目"江西重点生态功能区生态补偿的绩效评价与示范机制研究"（编号：20171BAA218020）

江西省高校人文社会科学重点研究基地招标项目"矿产资源产业技术水平、环境规制与区域经济发展——以江西省为例"（编号：JD15119）最终研究成果

江西重点生态功能区生态补偿的绩效评价与示范机制研究

The Study on Performance Evaluation and Demonstration Mechanism of Ecological Compensation in Key Ecological Functional Areas of Jiangxi Province

郑 鹏 熊 玮 / 著

中国经济出版社
CHINA ECONOMIC PUBLISHING HOUSE

·北京·

图书在版编目（CIP）数据

江西重点生态功能区生态补偿的绩效评价与示范机制
研究 / 郑鹏，熊玮著 .-- 北京：中国经济出版社，2019.11
ISBN 978-7-5136-5978-9

Ⅰ. ①江… Ⅱ. ①郑… ②熊… Ⅲ. ①区域生态环境 –
补偿机制 – 经济绩效 – 研究 – 江西 Ⅳ. ① X321.256

中国版本图书馆 CIP 数据核字（2019）第 282975 号

责任编辑　贺　静
责任印刷　巢新强
封面设计　北京任燕飞工作室

出版发行　中国经济出版社
印 刷 者　北京建宏印刷有限公司
经 销 者　各地新华书店
开　　本　710mm×1000mm　1/16
印　　张　15.75
字　　数　202 千字
版　　次　2019 年 11 月第 1 版
印　　次　2019 年 11 月第 1 次
定　　价　69.00 元

广告经营许可证　京西工商广字第 8179 号

中国经济出版社 网址 www.economyph.com 社址 北京市东城区安定门外大街 58 号 邮编 100011
本版图书如存在印装质量问题，请与本社销售中心联系调换（联系电话：010 –57512564）

前　言

　　本书是在中央将生态文明建设不断提升为新的战略高度、中央和江西省相继出台主体功能区规划以及国家生态文明试验区（江西）建设现实需要的宏观背景下完成的。综观国内外研究成果，虽然有关生态文明建设方面的研究越来越系统化和专业化，但遗憾的是，专门针对重点生态功能区生态补偿绩效评价与示范机制的研究相对较少。现有对生态补偿及其绩效评价体系的研究并未考虑重点生态功能区与其他主体功能区的差异性，使得生态补偿绩效评价体系的针对性和适用性相对不足，从而导致评价结果精准性不足。作为第一批国家生态文明试验区省份之一的江西省，客观上需要在生态文明建设的理论和实践上先行先试，率先蹚出一条经济发展与生态保护相辅相成、相得益彰的新路，打造美丽中国"江西样板"。在这个过程中，有关重点生态功能区生态补偿理论和实践上的一些难题亟待破解，加之江西省重点生态功能区覆盖的范围广、影响大，将研究视角聚焦于江西国家重点生态功能区的生态补偿绩效评价及示范机制，具有重要的理论价值和独特的现实价值。

　　本书旨在贯彻落实党的十八大以来中央有关精神，以习近平新时代中国特色社会主义思想为指引，立足中国国情和江西省省情，综合运用环境经济学、生态经济学、区域经济学等理论工具，采用归纳与演绎相结合、规范研究与实证研究相结合、定性分析与定量分析相结合的研究方法，首先对江西重点生态功能区生态补偿的历程演变与基本事实进行了归纳和总结，进而通过构建江西重点生态功能区生态补偿的绩效评价指标体系，对 2003—2015 年江西重点生态功能区生态补偿绩效及其演变趋势开展了静态和动态实证研究，比较了地区差异并进行了效率分解，而后运用同时空间自回归 Tobit 模型（SSAR-Tobit 模型）对江西重点生态功能区生态补偿效率的驱动因素进行了识别检验，进一步从组织、运行、考核、保障等方面探索了示范机制建设。在以上分析的基础上，本书吸纳了兄弟省份开展重点生态功能区生态补偿的实践探索与经验启示，并结合江西重点生态功能区"资源诅咒"研判的特殊视角，提出了相应的政策建议。本书从学理上构建了专门针对重点生态功能区生态补偿的绩效评价体系，厘清了生态补偿的整体框架，尤其是对江西重点生态功能区生态补偿绩效的演变趋势、区域差异、效率测度及驱动因素进行理论和实证分析，不仅有助于为生态补偿的公平性和公正性提供理论支撑，提高有限的生态补偿政策资源的利用效率，还有助于对江西省重点生态功能区生态补偿绩效开展精准评价，从而为提升生态补偿投入绩效的政策调整提供坚实基础，促进国家生态文明试验区（江西）建设。

本书研究了七个方面的内容：一是从经验上梳理和描述江西重点生态功能区生态补偿的历程演变与基本事实。二是从实证角度构建江西重点生态功能区生态补偿绩效评价体系，并利用 2003—2015 年 26 个国家重点生态功能区的数据开展绩效评价，研究了生态补偿绩效的演变趋势、地区差异与效率测度。三是从实证角度识别和验证了江西省重点生态功能区生态补偿效率演变的驱动因素。四是从组织、运行、考核、保障等方面探索了江西重点生态功能区生态补偿的示范机制建设。五是通过对福建、贵州、青海、浙江等兄弟省份重点生态功能区生态补偿的实践现状总结，找到对江西有益的经验启示。六是从理论和实证角度研判了江西重点生态功能区"资源诅咒"效应。七是提出了如何利用国家三大战略的重大战略机遇期，完善促进江西重点生态功能区生态文明建设的政策取向。

主要观点如下：

（1）江西重点生态功能区的生态补偿大致经历了生态理念的萌芽、积极有为的推进，以及制度构建、成效突出、全国示范等特征明显的三个阶段。江西重点生态功能区的生态补偿以制度建设、生态屏障构筑、产业转型升级、生态工程建设为突出特色，但同时也存在补偿主体单一、补偿标准过低、补偿评估机制缺失、政策制度不健全、监督机制滞后、生态补偿对重点生态功能区建设支撑乏力等问题。

（2）静态评价表明，全省重点生态功能区的生态补偿效率整体处于0.7-1之间，生态补偿效率整体较好；动态评价表明，全省重点生态功能区县生态补偿绩效并未达到理想状态，虽然呈现出一定的波动特征，但保持相对稳定，并没有表现出明显的改善或恶化态势。但同时也呈现出明显的分化特征。全省26个国家级重点生态功能区县中，7个县表现"优秀"，8个县表现"良好"，6个县表现"中等"5县表现为"差"。

（3）从地区差异、类型差异、综合效率、时间演化、空间格局、驱动因素等方面实证研究了江西重点生态功能区的生态补偿绩效。研究结果如下：从地区差异来看，赣东北、赣北地区基本处于低效的生态效率水平，而赣东地区则多集中在最佳的生态效率水平；从类型差异来看，五种不同类型重点生态功能区的生态补偿绩效均呈现出明显震荡态势，且呈现出明显的分层特征；从综合效率来看，大部分年份生态补偿的综合效率未能达到理想状态；从时间演化来看，表现为既震荡又上升，在震荡中逐渐改善的演化趋势；从空间格局来看，除部分县区（莲花县、定南县、靖安县和黎川县）的生态补偿综合效率略有下降外，其他绝大部分国家重点生态功能区县的生态补偿综合效率均有小幅增长；从驱动因素来看，第二产业与总产值占比、第三产业与总产值占比、城镇居民人均可支配收入、农村居民人均可支配收入和财政赤字占比均对江西重点生态功能区的生态补偿效率存在显著性影响，影响程度的依次是财政赤字占比、第三产业与总产值占比、农村居民人均可支配收入、城镇居民人均可支配收入和第二产业与总产值占比。

（4）江西重点生态功能区生态补偿的示范机制，要首先建立"以政府为领头、以群众和社会动员为执行者、以高质量的示范框架和示范点为核心"组织机制，重点建立"政府理念和契约责任为内容、提供农民新收入源为有效手段、多方主体参与和高效管理机构为约束制度"的运行机制，着力破解考核评价目标和内容不够明确、考核评价主体单一、考核方法过于简单以及考核标准不够规范等问题，并在加大投入、通过培训形成方式保障、政府政策形成合力、开展示范活动激发活力、严格考核结果运用等方面建立保障机制。

（5）其他生态文明试验区（福建、贵州）和生态文明建设效果明显地区（青海、浙江等）重点生态功能区生态补偿的实践探索表明，根据自身目标定位、资源禀赋和经济社会发展状况，在产业布局、制度创新、工程建设等方面探索符合自身实际的生态补偿路径是提高重点生态功能区生态补偿绩效的重要保障。兄弟省份的经验表明，加强环境保护和治理工程的建设力度、促进经济发展方式向绿色循环济发展方式转化、进一步完善各项制度建设，对江西探索在不同地区分类探索、分类试点、因地制宜的开展重点生态功能区生态补偿，乃至推动全省生态文明试验区建设都具有普遍的示范意义。

（6）从"资源诅咒"的存在性来看，2004年以来，江西重点生态功能区存在"资源诅咒"现象，但"资源诅咒"的程度在逐年下降；从"资源诅咒"的传导途径来看，产业结构、科技投入、人力资本均是江西重点生态功能区"资源诅咒"效应的主要传导途径；从"资源诅咒"的溢出效应来看，江西重点生态功能区的"资源诅咒"效应存在正向外溢效应，从而对相邻区域的发展产生了"负向模仿"；从"资源诅咒"的障碍和制约因素来看，政策配套政策未跟上、矿业结构不合理、企业忽视生态环境、产业整体技术水平落后、产品同质化严重以及产业空间布局不合理等均是亟待破解的障碍因素。

（7）江西省应该充分利用生态文明实验区建设、国家对赣南等原中央苏区的支持以及国家精准扶贫等重大战略机遇期，在产业升级、国家重大生态示范工程、绿色产业扶贫、生态补偿机制创新等方面优化和完善江西省重点生态功能区生态补偿的政策取向。

本课题研究的主要特色有：①理论上的新突破。国土空间开发格局的规划出台时间较短，国内学术界专门针对"重点生态功能区"生态补偿问题的研究还处于起步阶段，大多数的学者对这一问题的研究主要是定性的阐述。本书通过构建江西重点生态功能区生态补偿的绩效评价框架开展实证研究，并探索示范机制，是重点生态功能区生态补偿研究领域的理论创新。②应用特色。针对"江西生态文明试验区建设"极强的应用背景，着眼于对江西重点生态功能区生态补偿的绩效进行评价，并探索示范机制，本项目成果可以为江西正在开展的国家生态文明试验区建设提供借鉴和参考。③研究方法运用上是一项新的尝试。现有研究以规范研究、定性研究为主，缺乏定量研究。本书综合采用了定性研究和定量研究相结合，规范研究和实证研究相结合的研究方法，尤其是用到了很多计量分析工具（如拓展的 DEA 模型，Malmquist 指数、SSAR-Tobit 模型、空间误差模型（SEM）和空间滞后模型（SLM）等），在研究方法上显著区别当前本领域的研究成果。

由于受数据资料的局限和能力所限，本书还存在以下几个方面的不足：①研究框架的局限。本书着眼于重点生态功能区的生态补偿绩效评价，目前在该研究领域还缺乏令人信服的研究框架，本书所采用的研究框架是基于江西国家重点生态功能区的特殊性，并在前人研究基础上的提炼和归纳而成的，其科学性和可靠性还有赖于后续研究的进一步验证。②研究内容的不足。重点生态功能区生态补偿绩效评价涉及的内容很广，不同指标的选取导致结果差异较大。本书并未对江西重点生态功能区生态补偿的各维度做详细划分，可能影响最终政策的针对性，未来研究可以考虑将江西重点生态功能区各维度进行划分，尤其是考察重点生态功能区和非重点生态功能区生态补偿绩效的差异性，以及相应的分类政策优化取向。③研究数据的限制。有关重点生态功能区生态补偿的研究起步较晚，相关数据缺失严重，尤其是县域层面的研究数据非常欠缺，如衡量相关绩效投入的数据、反映绿色产出的相关数据等都难以获得。鉴于研究数据的缺失，本书的研究结论与实际情况可能存在一定程度的偏差。

本书在撰写的过程中参考了大量的中外文文献资料，均已在参考文献、脚注和尾注中一一列出，但仍有一些可能存在遗漏，尤其是一些政府公文和非涉密内参报告。在此，敬请文献作者谅解并致以诚挚歉意。

由于笔者水平有限，本书难免存在一些缺陷、不足甚至错误，敬请读者批评指正。

郑 鹏 熊 玮

2019 年 7 月

目 录

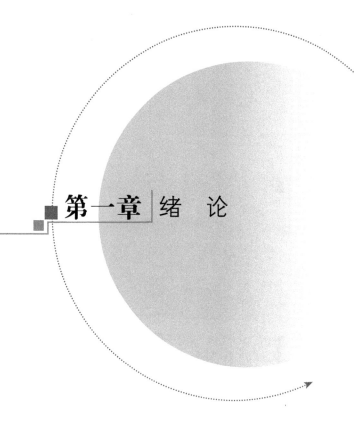

第一章 绪 论

一、研究缘起与研究意义

（一）研究缘起与问题的提出

1. 研究重点生态功能区的生态补偿问题源于党中央和国务院对生态文明建设重大战略问题的逐渐重视

2007年，党的十七大首次把"生态文明"这一理念写入党代会报告，将"建设生态文明"作为实现全面建设小康社会奋斗目标的新要求之一。2009年，党的十七届四中全会进一步将生态文明建设提升到与经济建设、政治建设、文化建设、社会建设同等的战略高度，并称为新时期的五大建设。2012年，党的十八大将生态文明建设与政治建设、经济建设、文化建设、社会建设共列为推进中国特色社会主义事业"五位一体"的总体布局，并强调要将生态文明建设融入政治建设、经济建设、文化建设、社会建设的各方面和全过程。2013年，党的十八届三中全会通过的《中共中央关于全面深化改革若干重大问题的决定》突出强调了加快建立生态文明制度的重要性，并适时出台了一系列针对性很强的具体举措，生态文明建设的重心开始从理论和政策层面转向实践落地层面。2014年，党的十八届四中全会提出用最严格的法律制度保护生态环境，建立和完善有关生态环境方面的法律法规，促进生态文明建设。

2015年4月，《中共中央 国务院关于加快推进生态文明建设的意见》出台，首次从整体层面明确了生态文明建设的指导思想、基本原则、主要目标、重点任务和保障机制，为全国的生态文明建设制定了时间表、任务书和路线图。2015年9月，中共中央、国务院印发了《生态文明体制改革总体方案》，该方案将现有碎片化的体制进行整合统一，是生态文明体制改革的顶层设计，是生态文明体制的"四梁八柱"，进一步明确了生态文明体制改革的基本方向和主要内容。为落实《生态文明体制改革总体方案》，相继出台了6个配套方案，包括《环境保护督察方案（试行）》《生态环境监测网络建设方案》《开展领导干部自然资源资产离任审计的试点方案》《党政领导干部生态环境损害责任追究办法（试行）》《编制自然资源资产负债表试点方案》《生态环境损害赔偿制度改革试点方案》等，并推出包含"实行省以下环保机构监测监察执法垂直管理制度"在内的一系列具体措施。

2016年，中央多次聚焦生态文明建设议题，相继出台了《关于健全生态保护补偿机制的意见》《关于省以下环保机构监测监察执法垂直管理制度改革试点工作的指导意见》《关于构建绿色金融体系的指导意见》《重点生态功能区产业准入负面清单编制实施办法》《关于划定并严守生态保护红线的若干意见》《自然资源统一确权登记办法（试行）》《关于健全国家自然资源资产管理体制试点方案》《关于全面推行河长制的意见》《关于设立统一规范的国家生态文明试验区的意见》等一系列事关生态文明建设和环境保护的改革文件。2016年12月，中共中央办公厅和国务院办公厅印发《生态文明建设目标评价考核办法》，进一步从顶层设计上明确了对地方政府从评价、考核、实施、监督各环节的实施细则。这些文件和管理办法的出台，逐渐构建起了全方位的生态文明建设的体制机制，有力地保障了生态文明建设向纵深推进。

2017年，党的十九大报告对生态文明建设开展了多方面的深刻阐述，如将建设生态文明提升为"千年大计"、将提供更多"优质生态产品"纳入民生范畴、提出要牢固树立"社会主义生态文明观"、提出要构建多种体系，统筹"山水林田湖草"系统治理、明确"控制线"和制度规范、采取各种"行动"、切实推进生态文明建设、设立"国有自然资源资产管理和自然生态监管机构"等①。党的十九大报告对生态文明建设新的阐述，表明生态文明建设进入了新阶段。

随着党中央国务院将生态文明建设问题提升至发展战略的新高度，有关生态文明建设的相关研究却明显落后于生态文明建设的顶层设计和现实实践。关于生态文明建设中的一些具体问题，如重点生态功能区生态补偿的绩效评价及示范机制等问题，亟须开展深入而系统的解析。本研究的展开，不仅有助于从微观上为生态补偿的相关实践提供江西样板和贡献江西经验，而且有助于从宏观上为国家生态文明试验区建设提供个案观察和多维实践。

2.研究重点生态功能区的生态补偿问题源于对落实和完善中央下发的《全国主体功能区规划》和江西省出台《江西省主体功能区规划》的思考

2010年12月，国务院印发的《全国主体功能区规划》（国发〔2010〕46号）将重点生态功能区界定为"生态系统十分重要，关系全国或较大范围区域的生态安全，目前生态系统有所退化，需要在国土空间开发中限制进行大规模高强度工业化城镇化开发，以保持并提高生态产品供给能力的区域"，其功能定位是：保障国家生态安全的重要区域、人与自然和谐相处的示范区。按照这一定位，《全国主体功能区规划》将江西省的大余县、上犹县、崇义县、安远县、龙南县、定南县、全南县、寻乌县和井冈山市等9县市列为首批国家重点生态功能区，并将之定位于南岭山地森林及生物多样性生态功能区。2013年2月，江西省人民政府印发的《江西省主体功能区规划》还将南昌市的湾里区、安义县，九江市的武宁县、星子县，上饶市的德兴市、横峰县列为省级重点生态功能区。

2014年3月和7月，国家发展改革委等部委先后下发了《关于做好国

① 李佐军.生态文明在十九大报告中被提升为千年大计［N］.经济参考报，2017-10-23（008）.

家主体功能区建设试点示范工作的通知》和《关于开展生态文明先行示范区建设（第一批）的通知》，要求严格落实主体功能区划战略，坚持保护中发展、发展中保护，探索重点生态功能区生态补偿问题及其制度创新，推进生态文明先行示范区建设。

2016 年 9 月，《国务院关于同意新增部分县（市、区、旗）纳入国家重点生态功能区的批复》（国函〔2016〕161 号）将江西省的浮梁县、莲花县、芦溪县、修水县、石城县、遂川县、万安县、安福县、永新县、靖安县、铜鼓县、黎川县、南丰县、宜黄县、资溪县、广昌县、婺源县新增纳入国家重点生态功能区。自此，江西获批的国家级重点生态功能区增至 26 个县市。

截至 2019 年 6 月，江西省国家重点生态功能区达到 26 个，面积达到 59035 平方公里，约占全省国土面积的 35.37%，人口达到 837 万人，约占全省人口的 18.33%。这些重点生态功能区在空间上分为怀玉山脉水源涵养生态功能区（浮梁县和婺源县）、罗霄山脉水源涵养生态功能区（遂川县、万安县、安福县、永新县、芦溪县和莲花县）、武夷山脉水土保持生态功能区（南丰县、黎川县、宜黄县、资溪县、广昌县和石城县）、幕阜山脉水土保持生态功能区（修水县、靖安县和铜鼓县）和南岭山地森林生物多样性生态功能区（大余县、上犹县、崇义县、龙南县、全南县、定南县、安远县、寻乌县和井冈山市）等五片区。就江西省而言，重点生态功能区是主体功能区中面积最大、覆盖最广、最为典型的生态脆弱区，具有"生态高地、经济洼地"的典型特征。

中共中央、国务院印发的《生态文明体制改革总体方案》（2015 年）和《国家生态文明试验区（江西）实施方案》（2017 年）均将建立国土空间开发保护制度列为生态文明体制改革的主要方向和重点任务之一。显然，生态文明建设和国土空间开发格局之间有着密切的关系，在很大程度上，建立国土空间开发保护制度就是体现生态文明建设的路径和任务之一。在此背景下，探索重点生态功能区的生态补偿绩效问题，不仅有助于完善国土空间开发保护制度，还有助于生态文明建设与国土空间开发格局的有机融合。

3. 研究重点生态功能区的生态补偿问题源于国家生态文明试验区（江西）建设的现实需要

历届省委省政府高度重视生态文明建设。20 世纪 80 年代初，江西省就开始实施"山江湖开发治理工程"。到 90 年代，进一步提出"画好山水画、写好田园诗""山上再造一个江西"的建设思路。党的十七大后，江西又提出了"生态立省、绿色发展"的发展战略，大力推动鄱阳湖生态经济区建设，初步探索出了一条具有江西特色的生态与经济协调发展之路。尤其是党的十八大以后，省委省政府按照"五位一体"要求高位推进生态文明建设。省第十三次党代会确立了"建设富裕和谐秀美江西"的总目标，省第十二届人民代表大会第一次会议上，省政府提出了未来五年江西"生态文明建设全国领先"的更高要求。省第十四次党代会明确提出落实"创新引领、绿色崛起、担当实干、兴赣富民"的十六字方针，建设国家生态文明试验区、打造美丽中国"江西样板"的总要求。在历届省委省政府不断深入推进生态文明建设的过程中，不断思考生态文明建设中发展与保护的关系，大致经历了从"在保护中发展、在发展中保护"，到"局部性保护与全局性发展，局部性发展与全局性保护"，再到"保护是基础，发展是根本"的思想深化过程。

江西省成为全国三个首批国家生态文明试验区省份之一。2014 年 11 月，《江西省生态文明先行示范区建设实施方案》的获批，标志着江西省建设生态文明先行示范区上升为国家战略，江西是全国全境列入该国家战略的 5 个省份之一。2016 年 8 月，中共中央办公厅、国务院办公厅印发了《关于设立统一规范的国家生态文明试验区的意见》（以从下简称《意见》），再一次将江西省列为全国三个首批国家生态文明试验区省份之一。《意见》将构建山水林田湖系统保护与综合治理制度体系、构建最严格的环境保护与监管体系、构建促进绿色发展的制度体系、构建环境治理和生态保护市场体系、构建绿色共治共享制度体系、构建生态文明绩效考核和责任追究制度体系作为江西省生态文明试验区建设的主要任务，这些任务基本上都涉及主体功能区和生态补偿问题。2017年10月，中共中央办公厅、国务院办公厅印发的《国家生态文明试验区（江西）实施方案》将"基本建立山水林田湖草系统治理制度，国土空间开发保护制度更加完善，多元化的生态保护补偿机制更加健全"作为江西生态文明试验区建设的主要目标之一。

遗憾的是，在国家生态文明试验区（江西）建设的大背景下，专门针对江西重点生态功能区的生态补偿绩效评价及示范机制的研究还未深入化和系统化。这在很大程度上不仅不利于有限政策资源的高效利用，降低了生态文明建设的实际效果，还阻碍了后续政策调整的方向和路径，给未来生态文明建设带来不利影响。在此背景下，在江西重点生态功能区积极探索生态补偿的绩效评价，尤其是研究如何开展"样板示范"和改进政策措施对于国家生态文明试验区（江西）建设具有重要的科学意义和广泛的应用前景。

（二）研究的理论价值和实践意义

1. 研究的理论价值

（1）从学理上构建专门针对重点生态功能区生态补偿的绩效评价体系，有助于深化生态补偿绩效评价研究的理论体系。现有对生态补偿及其绩效评价体系的研究并未考虑重点生态功能区与其他主体功能区的差异性，使得生态补偿绩效评价体系的针对性和适用性不足，从而导致评价结果失真。本研究专门针对重点生态功能区构建的生态补偿绩效评价体系，拓展了该领域的理论研究。

（2）从理论上厘清生态补偿的整体框架，尤其是对江西重点生态功能区生态补偿绩效的演变趋势、区域差异、效率测度及驱动因素进行理论和实证分析，不仅有助于为生态补偿的公平性和公正性提供理论支撑，还有助于提高有限的生态补偿政策资源的利用效率。

2. 研究的实践意义

（1）有助于对江西省重点生态功能区生态补偿绩效开展精准评价，从而为生态补偿政策调整提供了坚实基础。现阶段，伴随着生态文明建设在江西省的深入推进，相关配套政策制度体系逐步构建和完善。后续相关政策的调整，亟须相关领域的研究作为指导和支撑。本书的研究正是尝试在重点生态功能区生态补偿绩效评价方面作出探索。

（2）有助于推动江西生态文明试验区建设，尤其是为江西省的生态补偿和重点生态功能区发展提供"样板示范"。作为全国首批三个试验区省份之一，江西省的生态文明建设使命光荣，但责任重大，加之江西的重点生态功能区覆盖的范围广、影响大。本项目的研究对全国其他类似地区的生态补偿绩效评价具有重要的示范效应。

二、研究目标

本书综合运用环境经济学、生态经济学、区域经济学等理论工具，沿着"生态补偿现状事实—生态补偿评价体系构建—演变趋势与差异比较—效率测度与驱动因素—示范机制构建—兄弟省份经验启示—生态补偿特殊视角—政策优化建议"的研究脉络展开，首先通过描述性统计方法对江西重点生态功能区生态补偿的历程演变与基本事实进行分析，进而通过构建江西重点生态功能区生态补偿的绩效评价体系，研究其演变趋势、差异比较与效率测度，然后从实证角度验证影响江西重点生态功能区生态补偿效率的驱动因素。在以上分析的基础上，本书从组织、运行、考核和保障等角度尝试构建江西重点生态功能区生态补偿的示范机制，最后在对兄弟省份开展重点生态功能区生态补偿的实践现状与经验启示的基础上，结合江西重点生态功能区"资源诅咒"研判的特殊视角，提出了相应的政策优化建议。本书旨在回答如何从生态补偿方面促进江西重点生态功能区的生态文明试验区建设这一现实命题，从理论上和实践上完成相应的研究目标。

三、主要研究内容

（一）江西重点生态功能区生态补偿的现状与存在的问题

（1）江西重点生态功能区生态补偿的历程梳理和归纳。重点是梳理和总结江西省对重点生态功能区开展生态补偿的政策制度和主要举措的演变情况。

（2）江西重点生态功能区生态补偿的具体表现及主要特征分析。主要是归纳和总结江西省对重点生态功能区开展生态补偿的具体表现与主要特征。

（3）存在的突出问题分析。通过对数据资料描述统计的方法分析江西重点生态功能区生态补偿存在的主要问题及原因。

（二）江西重点生态功能区生态补偿的绩效评价体系构建

（1）找寻江西重点生态功能区生态补偿绩效评价的构成维度。主要包括以下构成维度：各项税收总和、财政一般收入预算、人均耕地面积、人均森林面积、人均 GDP、农业增加值、工业增加值、第三产业增加值、人均工业二氧化硫排放量、人均工业烟尘排放量等。

（2）构建江西重点生态功能区生态补偿的绩效评价体系。在对生态补偿理论、能值理论等相关理论进行梳理的基础上，根据国内外实践和研究成果，明晰江西重点生态功能区生态补偿绩效评价的内在机理，构建一个绩效评价框架。

（三）江西重点生态功能区生态补偿绩效的演变趋势与差异比较

（1）生态补偿绩效评价。通过 CCR、BCC 和 SBM-DEA 模型对江西重点生态功能区生态补偿绩效进行静态和动态评价研究。

（2）生态补偿绩效的差异比较。分别从不同地区和不同类型两个角度对江西重点生态功能区生态补偿绩效的差异进行比较，并分析造成生态补偿绩效差异的原因。

（四）江西重点生态功能区生态补偿绩效的效率测度与驱动因素

（1）从生态补偿综合效率的整体情况和区域差异两个角度分别描述江西重点生态功能区生态补偿效率的时空演变，并通过 Malmquist 指数对生态补偿效率从时间演化和空间格局两个角度进行分析。

（2）利用同时空间自回归 Tobit 模型（SSAR-Tobit 模型）对影响江西重点生态功能区生态补偿效率的驱动因素（如产业结构、居民经济状况、政府财政状况等）进行实证检验。

（五）江西重点生态功能区生态补偿的示范机制构建

重点从组织机制、运行机制、考核机制和保障机制等角度探讨江西重点生态功能区生态补偿的示范机制构建。

（六）兄弟省份对重点生态功能区生态补偿的实践现状与经验总结

（1）梳理和总结兄弟省份，尤其是同为生态文明试验区省份（福建和贵州）以及生态文明建设成效显著省份（青海和浙江）在重点生态功能区开展生态补偿的好做法和成功经验。

（2）归纳和总结兄弟省份对重点生态功能区开展生态补偿的政策调整情况，尤其是政策调整背后的动机、原因及调整后的效果。

（3）兄弟省份的生态补偿实践经验对江西重点生态功能区生态补偿的启示。

（七）江西重点生态功能区"资源诅咒"效应研判

（1）研判江西重点生态功能区是否存在"资源诅咒"，为后续政策的提出和改进提供新的视角。

（2）从产业结构、科技投入、人力资本等方面探讨江西重点生态功能区"资源诅咒"效应的传导机制和传导途径。

（3）厘清江西重点生态功能区"资源诅咒"在时间演变趋势和空间分布特征方面是否存在明显的集聚效应，是否形成了所谓的"中心—外围"模式，是否存在外部溢出效应。

（4）解析江西重点生态功能区涉矿产业升级面临的突出障碍和制约因素。

（八）江西重点生态功能区生态补偿的改进策略

在理论和实证研究的基础上，提出江西重点生态功能区生态补偿的优化路径和制度安排的合理化建议。

四、研究的逻辑框架

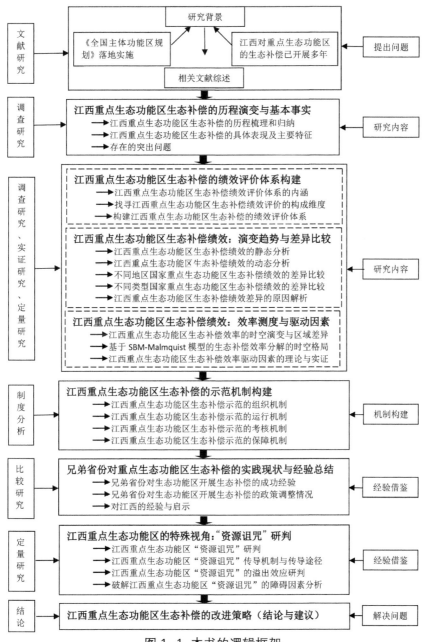

图 1-1 本书的逻辑框架

五、主要研究方法

本书综合采用定性研究和定量研究相结合、规范研究和实证研究相结合的研究方法，具体采用的研究方法主要包括典型案例法、调查研究法、数理模型法、比较研究法等。

（一）典型案例法

为针对江西重点生态功能区生态补偿的主要做法、突出特征、存在问题、原因解析、示范机制等问题开展研究，需要从各类新闻报道、总结材料、深入基层实地调研中寻找具有典型示范价值的重点生态功能区的鲜活案例，从中挖掘典型经验做法，进行模式归纳与总结。

（二）调查研究法

对全省重点生态功能区生态补偿工作进行全面系统调研，调研区域必须覆盖五种类型的重点生态功能区，在每种类型重点生态功能区选取 1~3 个县进行实地调查，调研对象涵盖基层农户、现代农业经营组织（大户、家庭农场、合作社、农业产业化龙头企业等）、企业、政府官员等，在每个调研区域选取 50 个基层农户、5 家现代农业经营组织、5 家企业、5 名基层官员开展问卷调研和深度访谈，形成一手资料数据集。同时，全面收集和整理江西省开展生态文明建设的总体方案和具体举措，尤其是专门针对重点生态功能区的突出做法，江西省所有重点生态功能区县开展生态文明建设的总体方案，以及相应的主要经济指标数据和环境方面的数据，构建二手资料数据集。通过建立实地调查研究数据集与二手资料数据集，为本书的完成打下良好的基础。

（三）数理模型法

通过 CCR、BCC 和 SBM-DEA 模型对江西重点生态功能区生态补偿绩效进行静态和动态评价，以描述江西重点生态功能区生态补偿绩效的演变趋势，并进行差异比较；通过 SBM-Malmquist 指数对江西重点生态功能区生态补偿效率进行测度，解析其时空格局，并利用 SSAR-Tobit 模型从理论和实证上分析江西重点生态功能区生态补偿效率的驱动因素；采用多元回归模型识别和检验江西重点生态功能区"资源诅咒"效应的传导机制与传导途径，并利用 Moran I 指数、空间误差模型（SEM）和空间滞后模型（SLM）分析江西重点生态功能区"资源诅咒"的溢出效应。

（四）比较研究法

通过梳理兄弟省份（福建、贵州、青海、浙江）在重点生态功能区开展生态补偿的历程演变，尤其是归纳和总结兄弟省份的典型实践与典型经验，比较分析兄弟省份的共性做法和个性探索，为江西重点生态功能区生态补偿的政策优化提供借鉴与参考。

研究内容与研究方法如表 1-1 所示。

表 1-1　本书主要的研究方法

研究内容	研究方法
江西重点生态功能区生态补偿的现状与问题	典型案例法、归纳法
江西重点生态功能区生态补偿绩效：演变趋势与差异比较	调查研究法、实证研究法（拓展的 DEA 模型）
江西重点生态功能区生态补偿绩效：效率测度与驱动因素	Malmquist 指数、SSAR-Tobit 模型
兄弟省份对重点生态功能区生态补偿的实践现状与经验总结	文献资料法、调查研究法、比较研究法
重点生态功能区"资源诅咒"研判	多元回归、Moran I 指数、空间误差模型（SEM）和空间滞后模型（SLM）
江西重点生态功能区生态补偿的改进策略	文本分析法、归纳法

六、研究创新与局限

（一）本研究的创新之处

（1）理论创新。国土空间开发格局的规划出台时间较短，国内学术界专门针对"重点生态功能区"生态补偿问题的研究还处于起步阶段，大多数学者对这一问题的研究主要是定性阐述。本书通过构建江西重点生态功能区生态补偿的绩效评价框架开展实证研究，并探索示范机制，是重点生态功能区生态补偿研究领域的理论创新。

（2）应用特色。针对"生态文明试验区（江西）建设"极强的应用背景，着眼于对江西重点生态功能区生态补偿的绩效进行评价，并探索示范机制，本项目成果可以为江西正在开展的国家生态文明试验区建设提供借鉴和参考。

（3）研究方法运用上是一项新的尝试。现有研究以规范研究、定性研究为主，缺乏定量研究。本书综合采用了定性研究和定量研究相结合、规范研究和实证研究相结合的研究方法，尤其是用到了很多计量分析工具［如拓展的 DEA 模型、Malmquist 指数、SSAR-Tobit 模型、空间误差模型（SEM）和空间滞后模型（SLM）等］，在研究方法上显著区别当前本领域的研究成果。

（二）本研究的局限性

受客观数据资料的局限，本书重在探索性和思辨性，对所研究的问题还存在以下几个方面的不足：

（1）研究框架的局限。本书着眼于重点生态功能区的生态补偿绩效评价，目前在该研究领域还缺乏令人信服的研究框架，本书所采用的研究框架是基于江西国家重点生态功能区的特殊性，并在前人研究基础上的提炼和归纳而成的，其科学性和可靠性还有赖于后续研究的进一步验证。

（2）研究内容的不足。重点生态功能区生态补偿绩效评价涉及的内容很广，不同指标的选取导致结果差异较大。本书并未对江西重点生态功能区生态补偿的各维度作详细划分，可能影响最终政策的针对性。未来研究可以考虑将江西重点生态功能区各维度进行划分，尤其是考察重点生态功能区和非重点生态功能区生态补偿绩效的差异性，以及相应的分类政策优化取向。

（3）研究数据的限制。有关重点生态功能区生态补偿的研究起步较晚，相关数据缺失严重，尤其是县域层面的研究数据非常欠缺，如衡量相关绩效投入的数据、反映绿色产出的相关数据等都难以获得。鉴于研究数据的缺失，本书的研究结论与实际情况可能存在一定程度的偏差。

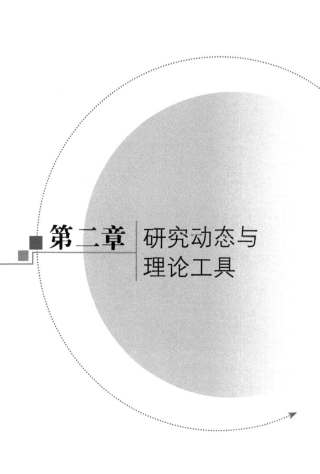

第二章 | 研究动态与
理论工具

一、重点生态功能区生态补偿的国内外研究动态及评述

近年来，随着国家加快推进优化国土空间开发格局，落实主体功能区战略，有关重点生态功能区生态补偿问题引起社会高度关注，相关研究也日益活跃，主要集中体现在以下几个方面：

（一）关于重点生态功能区保护和发展与生态补偿之关系的研究

国务院颁布的《全国主体功能区规划》（国发〔2010〕46号）指出："重点生态功能区，即生态系统脆弱或生态功能重要，资源环境承载能力较低，不具备大规模、高强度工业化城镇化开发的条件，必须把增强生态产品生产能力作为首要任务，从而应该限制进行大规模高强度工业化、城镇化开发的地区，由一部分限制开发区和禁止开发区构成。"有研究者认为对重点生态功能区的限制或禁止开发会导致其减少或失去发展机会，影响经济和社会发展水平的提高，应通过生态补偿、财政转移支付等政策措施进行利益补偿，这对于维护国家生态安全、促进区域可持续发展具有重要意义，是生态文明建设"五位一体"战略布局要求的应有之义（宏观经济研究院国土所，2008；阳文华等，2010；李炜、陈作成等，2014）。重点生态功能区生态补偿与森林、草原等单一生态要素、流域等功能明晰的地域以及矿产资源开发等特定类型经济活动的生态补偿的"尺度"不同，前者以"区域"为尺度，后者以"局地"为尺度，不同"尺度"下的生态补偿面对的问题及相应对策也不相同（王昱、丁四保等，2008a，2009b；任世丹，2014）。

（二）关于重点生态功能区生态补偿理论依据和内涵的探讨与争论

生态补偿的内在逻辑在于行为主体的行为产生了环境负外部性，客观上和主观上给其他行为主体带来了环境损害，由此产生了"损害—补偿"的主体关系。显然，这种主体关系的重要前提是产权明晰、损害可测、标准共识、机制顺畅、保障得当。根据以上分析，生态补偿的理论依据是生态补偿可行性和有效性的关键，补偿理论依据主要包括环境资源价值理论、公共产品理论和外部性理论三种（吴水荣，2001；黄英等，2005）。黄贤金等（2008）认为还应该包含博弈理论、社会公平理论。丁四保等（2010）和任世丹（2014）则认为重点生态功能区的生态效益或生态服务功能无法予以科学确定，对其各类大规模开发行为的禁止或限制到底是为了"防止损害"还是"增进利益"也难以界定，传统的环境资源价值理论、公共产品理论和外部性理论在解释对重点生态功能区的生态补偿上存在论证缺陷，难以为其正当性提供支撑。

国内外学者对生态补偿的内涵和特征、补偿的框架和重点、补偿的路径和方式的认识都存在较大差异。有学者认为生态补偿是生态环境损害方为弥补其负外部性而应该付出的代价，通常以环境付费的形式出现（吕忠梅，2002）。也有学者从制度设计上将生态补偿界定为提高生态环境损害方成本的某种制度安排（毛显强，2002）。还有学者认为生态补偿是从市场机制或政府制度上调节资源（环境）所有权人或付出代价者与资源（环境）使用人或获得收益者之间关系的某种制度安排（何承耕等，2008）。

（三）关于重点生态功能区生态补偿机制的研究

关于生态补偿机制，王德辉等（2006）、万南金等（2008）和 Farley J. 等（2010）认为，生态补偿机制是由补偿主体、客体、原则、标准、手段、实施与评估等共同构成的可反馈环，强调补偿的有效实施，而有效性的关键在于交易成本能否最小化。有学者认为当前许多针对重点生态功能区设计的补偿机制存在主体责任不明确，客体单一化、分散化，标准"一刀切"，监管不到位等缺陷，导致补偿意愿低、矛盾多、低效率、难协调，"补偿不足"与"补偿过渡"并存，"民生挤占环保""面上保护，私下破坏"的现象时有发生（李长亮，2009；李国平等，2013；李宝林等，2014）。王德凡（2017）则建议从扶持生态产品生产厂商、构建生态服务交易市场、构建市场化生态补偿机制三个层面入手，构建现代生态补偿机制，并认为弱化政府对生态补偿机制的干预和强化市场力量将会是我国主体功能区生态补偿机制设计的方向。

（四）关于重点生态功能区生态补偿类型和模式的研究

关于生态补偿类型和模式，毛显强等（2002）按补偿税费类型，支玲等（2004）按行政级别层次，万军等（2005）按补偿行为主体，赖力等（2008）从地域层次将生态补偿划分为若干补偿类型或补偿模式。秦艳红等（2007）、张建肖等（2009）和尕丹才让（2013）按照补偿目的和阶段将退耕还林、生态移民、生态旅游的生态补偿划分为"输血式"和"造血式"两种模式。"输血式"的生态补偿强调的是政府主导，如生态补偿费与生态补偿税、生态补偿保证金制度、财政补贴制度、优惠信贷、交易体系和基金制度等六种具体的生态补偿的途径和方式（吕忠梅，2002；毛显强，2002；何承耕等，2008；杨阳阳，2013；侯超芳，2013）；"造血式"则注重的是引入市场的力量，并认为在产权明晰的前提下，市场化的生态补偿具有更顽强的生命力，White A.，Scherr S. 和 Khare A.（2004）系统回顾了发达国家的生态补偿效果后认为，市场机制是实现环境成本或效果内部化的最有效的手段。陈俊（2018）强调了健全市场化、多元化生态保护补偿机制的重要性。伏润民和缪小林（2015）根据对生态环境供给主体和消费主体是否明确，将生态补偿划分为抑制性生态补偿和修复性生态补偿以及激励性生态补偿。

也有一些学者认为，市场机制和政府干预的共同作用更有利于生态补偿效果的改善。李雪松、李炜等（2014）认为生态补偿模式是多种生态补偿方式的"集"和运作体系，其关键在于对补偿效果的追求，与补偿类型是有差别的。Matthias（2010）、李国平等（2013）和 Chang 等（2014）认为，重点生态功能区生态补偿模式设计应充分考虑其"大尺度"和"多目标"的特性。Aldy J. E. 等（2010）则认为碳税（政府干预）和碳交易（市场机制）同时实施，就比单独选择碳税或碳交易机制更为合理。

（五）关于重点生态功能区生态补偿路径（途径）的研究

关于生态补偿路径（途径），总体而言，可归纳为政府主导和市场主导两种路径：一种是政府主导的购买生态服务提供给全体成员的公共支持计划（Public Payment Schemes）（Sara J. S. and Michael T. B.，2006），这种路径通常受制于政府财力，具有潜在的财务风险；另一种是市场导向的生态补偿，这种路径主要运用于利益主体和成本收益边界清晰、产权明确、额度共识、方式相容的情况下（Jack B. K.，Kousky C. and Sims K. R. E.，2008），这种路径充分发挥了市场机制的作用，目前在全球被寄予厚望。

总体而言，国外对生态补偿内涵的理解是：在明确补偿主体、客体和依据的基础上，基本形成了政府主导和市场导向两种生态补偿手段并行的补偿系统，具有显著的事前补偿的特点（徐鸿、郑鹏、赵玉，2014）。政府主导的生态补偿主要是两种：一种是政府以行政或法律手段强制资源受益方向损害对象支付费用；另一种是政府通过财政转移支付的方式向环境损害方支付费用。目前，在支付主导的生态补偿方面，国外学者主要研究了纵向财政转移支付（Matthias et al.，2010）、横向财政转移（Blackman A.，Woodward R. T.，2010）和生态补偿基金（Jenkins T. N.，2004）等形式的政府主导模式。国内外学者对政府主导的生态补偿路径（孔凡斌，2010；

李国平、郭江，2013；Chang et al.，2014）的研究，主要集中于讨论生态补偿费与生态补偿税制度、生态补偿保证金制度、财政补贴制度、优惠信贷措施、交易体系和基金制度等六种具体的生态补偿的途径和方式（毛显强，2002；杨阳阳，2013；侯超芳，2013）。

为解决以政府为主导的转移支付生态补偿在实际操作中存在的激励不足、效率低下、目标偏离等问题，学者们也研究了其他的政府主导的生态补偿路径，其中对基于市场的生态补偿方式如产权交易（宋红丽等，2008；Fletcher R. and Breitling J.，2012）、协商交易（Milne S. and Adams B.，2012）和开放式贸易（李婷，2008）的探索最为活跃。从国内外研究重心和国际上生态补偿的实践来看，中国的生态补偿路径主要以政府主导的生态补偿为主，而国外的生态补偿则更侧重于市场为主导的生态补偿，在支付意愿和补偿配置上的探索较为积极（Martin-Ortega J. et al.，2011；Schomers S. and Matzdorf B.，2013）。

（六）关于重点生态功能区生态补偿绩效评价的研究

关于生态补偿绩效评价目标与评价标准的研究方面，Alix-Garcia J 等（2008）比较了风险目标付费和限额付费两种环境服务付费方式（PES）之后，认为限额付费更加公平，而风险目标付费的效率则有很大的提升空间。Tobias W. 和 Engel S.（2012）认为，对生态补偿绩效的评价首先应该明确补偿的具体目标。Rico G. L.（2012）认为，企业和政府寻求的补偿目标不同导致补偿绩效存在差异，企业更关注经济效益，而政府除关注经济效益外，还注重社会效益。Persson U. M. 和 Alpízar F.（2013）构建了一个理论框架，对生态补偿项目效果的影响因素开展了研究，研究显示补偿决策倾向、利益相关者的力量、补偿标准都会显著影响补偿效率。卢新海和柯善淦（2016）通过构建水资源生态补偿量化模型，计算了各省份应当支付的生态补偿量。肖建武等（2017）通过计算湖南 14 个地州的生态承载力，并以此来核算区际生态补偿标准。杨璐迪等（2017）通过生态足迹的方法测算了武汉城市圈生态承载力，并在此基础上开展生态补偿研究。

关于生态补偿绩效评价体系与评价方法的研究方面，喻光明等（2008）以递阶层次综合评价法为基础，从生态结构合理性、生态功能稳定性与生态环境适宜性等三个角度构建了含有 17 个指标量的指标体系，对土地整理规划中的自然生态补偿进行了评价，最终将生态补偿效果划分为 5 个基本等级，在土地整理生态补偿领域做出了开创性贡献。岳思羽（2012）从经济社会发展、水源涵养和水资源节约、环境污染治理、环境监管能力建设等四个方面构建了生态补偿效益评价指标体系，并通过层次分析法（AHP）对汉江流域生态补偿的效益进行了定量评价。郭玮和李炜（2014）综合采用因子分析法和聚类分析法构建了生态补偿评价指标体系，对各省生态补偿的转移支付效果进行了综合评价和特征解析。马庆华和杜鹏飞（2015）以成本效益分析（CBA）为基本框架，对新安江流域生态补偿政策实施的效果进行了定性和定量评价，结果显示流域生态补偿的效果会随着时间的推移更加显著。徐大伟和李斌（2015）认为，当前对生态补偿绩效的评估体系和方法偏离于经济学范式，并综合运用熵值法、倾向值匹配法、面板数据回归法等经济学技术对区域生态补偿绩效进行评估。申开丽等（2017）采用 DEA 和 DEA-Malmquist 方法对丽水生态补偿绩效进行了评估，并通过灰色关联分析探究影响绩效的因素。张涛和成金华（2017）通过构建含有 9 个二级指标的指标体系，采用综合指数法与熵权法综合测算了湖北省重点生态功能区 2011—2014 年的生态补偿绩效，并对不同类型重点生态功能区生态补偿绩效进行了比较分析。

（七）关于重点生态功能区生态补偿政策制度的研究

健全的生态补偿政策制度是支撑生态补偿模式和机制得以有效运行的重要保障。刘雨林等（2008）、孔凡斌等（2010）认为，应坚持"还清欠账、不欠新账、和谐发展"的原则设计重点生态功能区生态补偿制度，逐步建立跨不同类型主体功能区的生态补偿制度，实现真正的利益再平衡。毛显强等（2002）、万军等（2005）、尤鑫等（2013）对生态补偿的税费、保证金、专项基金、财政转移支付，以及信贷优惠、排污权交易等制度进行了分析，认为现行的生态补偿制度已较为全面，但层次低、分散化、力度小，可操作性和有效性不强。刘丽等（2010）认为，生态补偿保障制度包括生态补偿的经济制度、管理制度、法律制度和社会制度等。李莉等（2013）、冯俏彬等（2014）、邓远建等（2015）指出应加快生态补偿法律制度建设，整合现有制度，构建中央财政支出、区域间横向生态补偿和市场交易"三位一体"的生态补偿制度体系，并完善相关政策制度评价体系。同时，也有不少学者针对某一具体生态功能区生态补偿制度进行了研究，Zbinden 等（2005）、Sierra 等（2006）对哥斯达黎加森林地区生态补偿进行了研究，认为补偿参与者意愿差异较大，调动参与者的补偿意愿对制度设计很重要，并且指出直补给个人比补偿给其所在地区更有效率。孔凡斌等（2010）、吴旗韬（2014）对南岭东江源水源涵养重点生态功能区生态补偿制度进行了研究，认为应加强流域内各行政单元之间的统筹补偿，由各行政单元共同的上一级政府负责，各行政单元之间原则上不直接进行相互补偿或赔偿，并对其产业政策选择进行了探讨。王德凡（2017）认为，需要从完善生态保护法律体系和监督管理保障体系、规范生态产品交易平台、加大财税政策的支持力度等方面促进市场化机制的良性运行。

综上所述，学者们对生态补偿政策制度的研究主要是从制度调节的内容和制度调节的对象两个方面展开的。从制度调节的内容上，主要围绕政府对生态环境的重视（李军，2011；康新立、潘健、白中科，2011）、调节不合理利益格局（王承武、孟梅、蒲春玲，2011），以及资源开发利益与责任的平衡（王世进、卢俊辉，2012）等展开，集中讨论了补偿资金使用效率（曹国华、王小亮、阮利民，2010）、补偿机制（郝庆、孟旭光，2012）、补偿方式（Ansink E. and Houba H., 2011）以及补偿制度的矫正（张式军、王凤涛，2011）等制度问题。从制度调节的对象上，主要关注对补偿主客体（刘月玲、牟宗文，2012；Cranford M. and Mourato S., 2011）、补偿额度（李智、张小林、李红波，2014）、补偿方式（宋建军，2011；彭秀丽、谭键，2011）与补偿机制运行（李宁，2018）等问题的调节，较少关注补偿模式与研究对象特点契合的制度构建问题。总体而言，对生态补偿政策制度的研究主要集中于研究如何保障政府主导的生态补偿模式顺利推进的法律和制度问题，对如何创新生态补偿模式的制度研究较少。

（八）文献述评

国内外现有研究为本课题提供了广阔的研究视角和良好的研究基础，国外研究虽重视政府的协调管理，更多的是基于完善的市场交易体系，对补偿激励、补偿意愿、标准测算和补偿效率等问题进行研究；相较而言，国内研究则更加丰富，从政府和市场两个角度对生态补偿模式、机制、政策制度等都进行了深入研究；其中对重点生态功能区进行生态补偿是一项复杂的系统工程，关键核心是补偿的可行性和有效性，对此，国内外研究已达成共识。综观国内外研究成果，还存在以下研究缺陷：

（1）研究尺度上的聚焦性不够。现有对生态补偿绩效的研究主要是集中在区域尺度（如东中西地区、省份或县市等）、行业尺度（如土地资源、森林资源、矿产资源等），较少关注主体功能区的生态补偿绩效问题，着眼于重点生态功能区生态补偿绩效的研究较为缺乏。

（2）研究方法上的有效性不足。现有对生态补偿绩效的量化研究主要集中于多投入、多产出的 DEA 模型，虽然 DEA 模型在测算各年的相对效率方面被广泛认同，却无法作时间上的纵观比较。在影响因素方面，研究方法主要以普通的 Tobit 模型为主，较少考虑空间关联性，难以真正揭示生态补偿效率时空演化的影响因素。

（3）研究内容上的深入性缺乏。现有对主体功能区生态补偿的研究主要还是以静态和比较静态分析为主，很少关注生态补偿绩效的动态演进趋势，对其演进趋势背后的驱动因素更是较少关注。

总体而言，我国实施主体功能区划制度时间不长，因而专门就重点生态功能区保护与发展难题、探索其生态补偿问题的研究起步较晚，重点生态功能区生态补偿具有"大尺度"和"多目标"的特性，在补偿理论依据、模式构建和政策制度设计方面仍有较大分歧，理论分析框架和实证研究仍需进一步探索。那么，在生态文明建设"五位一体"的要求下，江西作为全国生态文明实验区建设省份，重点生态功能区生态补偿到底面临一些什么样的困境，其制约"瓶颈"在哪里？在生态补偿方面持续给予政策、资金等支持的背景下，全省重点生态功能区生态补偿的绩效究竟如何？时空格局如何演变？不同地区、不同类型重点生态功能区生态补偿绩效有何差异？有哪些因素在影响着江西国家重点生态功能区生态补偿的效率？兄弟省份重点生态功能区生态补偿的实践对江西有何经验启示和教训？如何按照可行性、有效性、示范性的核心要求，设计重点生态功能区生态补偿的示范机制？以及如何创新体制机制，完善相关政策制度保障？这些问题都有待进一步深入思考和研究。

二、本书所运用的主要理论工具

厘清生态补偿分析的理论工具，对指导我国生态补偿的实践具有重要的价值。长期以来，尽管不同学科、不同流派运用不同的理论对生态补偿问题加以阐释，但综述国内外有关生态补偿的理论成果，我们发现，近些年有关生态补偿的理论基石逐渐获得了学者们的广泛认同。笔者认为，结合重点生态功能区生态补偿的研究实际，生态经济学和新制度经济学中的可持续发展理论、产权理论、外部性理论和生态系统服务价值理论等共同为江西重点生态功能区生态补偿问题的研究提供了重要的理论工具。

（一）可持续发展理论

1962 年，雷切尔·卡逊（Rachel Carson）撰写的《寂静的春天》一书引发了人们对传统发展理念的反思，是可持续发理论的萌芽。1972 年，丹尼斯·米都斯（Dennis L.Meadows）撰写的《增长的极限》一书中首次提出"合理的、持久的均衡发展"的理念。1974 年，罗马俱乐部（Club of Rome）撰写的《人类处于转折点》认为，人类必须将发展理念由"征服自然"转变为"协调自然"，才能获得持续发展。1987 年 2 月，世界环境与发展委员会（WCED）在《我们共同的未来》的研究报告中首次提出了"可持续发展"的概念，并将其定义为"既满足当代人的需要，又不对后代人满足其需要能力构成危害的发展"。至此，可持续发展的理论雏形基本建立。

可持续发展理论高度关注资源危机、环境危机等问题，强调可持续发展是资源可持续利用与生态环境可持续保护相结合的协调发展。可持续发展揭示了"发展、协调、持续"的系统运行本质，反映了"动力、质量、公平"的有机统一[①]。可持续发展理念具有公平性、持续性和协调性的基本特征。公平性包括人类代内公平、代际公平和责任公平；持续性包括资源开发与保护、供给与利用的持续；协调性包括资源与环境、经济效益与社会效益的协调。

由以上分析可知，重点生态功能区的建立和定位是基于可持续理论的指引和演绎。关于重点生态功能区生态补偿的相关问题，正是为了通过构建起生态损害的主体和客体之间的利益补偿良性互动机制，从而将人类

---

① 牛文元.可持续发展理论的基本认知［J］.地理科学进展.2008（5）：1–6.

活动对生态承载能力限定在一个合理的阈值内，以便实现人类的可持续发展。综上所述，可持续发展理论是重点生态功能区生态补偿研究的主要理论工具。

（二）产权理论

产权理论是新制度经济学派的理论基石，其理论渊源最早可以上溯到新制度经济学派的开创者罗纳德·H. 科斯（Coase）在 1937 年撰写的《企业的性质》一文。科斯在 1960 年撰写的《社会成本问题》一文中对产权理论作了系统阐释。科斯将交易费用的概念引入产权理论中，并指出产权能够从制度设计上保障资源配置的有效性，从而为产权的经济分析奠定了基础，从而构建起了产权理论分析框架。1967 年，新制度经济学派的另一代表人物哈罗德·德姆塞茨（Harold Demsetz）拓展了科斯的产权理论，提出产权明确能够使行为主体将外部性内部化，并能够通过市场交易的方式将不同行为主体纳入预期体系，这样政府机构便能够通过法律和制度将行为主体的预期制度化，将产权理论进一步推向了市场调节和政府调控的具体实践。

建立重点生态功能区的生态补偿机制、制度和规范，其核心在于要认识和界定不同主体对生态所拥有的产权。"良好的生态环境也是有价值的"逐渐成为社会的共识，保护好生态环境，提供优质生态产品的主体也应该获得相应回报；而损害生态环境、造成负外部性的主体应该受到相应惩罚。从市场机制角度来讲，每个主体都享有平等的环境权，在生态环境权明确的情况下，可以在市场框架内将生态环境的外部性（无论是正外部性还是负外部性）内部化、交易化，通过市场的力量调节生态环境的主客体关系，从而达到保护生态环境的目标。由此可见，产权理论是研究重点生态功能区生态补偿的重要理论工具之一。

（三）外部性理论

外部性（外部经济）的概念通常被认为起源于马歇尔在1890年撰写的《经济学原理》一书。福利经济学的代表人物庇古分析了外部性的来源，并将外部性划分为正外部性和负外部性，进一步认为市场无法解决外部性问题，必须通过政府来解决。而科斯观点与庇古截然不同，他认为在产权明晰且交易成本较小的情况下，市场机制就可以解决外部性问题。还有许多学者（如道格拉斯、萨缪尔森、罗德豪斯等）对外部性问题展开了一系列富有成效的工作，但都是对庇古和科斯思想的继承和发展。目前，外部性理论的主要框架基本上获得了学界共识：一是外部性是客观存在的，并且有正负外部性之分；二是有关外部性削减存在政府主导和市场主导两种路径，两种路径并无优劣之分；三是鉴于经常出现的"政府失灵"和"市场失灵"，外部性问题的有效解决通常需要政府和市场两种手段相互配合、互为补充。

生态环境领域的外部性问题普遍存在，且困扰理论和实践界多年。综观国内外生态环境领域的外部性削减路径，基本上走出了一条"政府主导—市场参与—政府和市场协同发挥作用"的道路。我国当前的现状是，由于长期陷入"政府失灵"或"政府低效"的治理困境，加之政府财力越来越难以为继，政府主导的生态环境治理路径到了亟须改变的窗口期。"谁污染，谁治理"的环境治理思路既符合法理依据，又符合环境正义。从理论上讲，生态补偿思路的引入和实践，不仅体现出对环境联邦主义理论的扬弃，还充分体现出以市场为主导、政府为指导的科斯学派与庇古学派外部性理论的融合。因此，我们认为重点生态功能区生态补偿问题的研究必须充分利用外部性理论的指引。

（四）生态系统服务价值理论

生态系统服务价值理论源于学者们对生态系统服务功能的研究（李宁，2018）。20世纪70年代以来，随着人们对生态环境系统的破坏，生态环境问题危及人类的可持续发展。为了协调人类活动和环境之间的关系，维护资源的可持续利用，越来越多的学者开始对生态环境的服务价值展开系统而深入的研究，从而创立了生态服务价值理论。威尔逊（Wilson）在 1970 年首次提出生态系统服务功能的概念。进入 20 世纪 90 年代，有关生态系统服务功能的研究逐渐深化。1994 年，皮尔斯（Pearce）对生态系统服务的价值进行了分类。科斯坦萨（Costanza，1997）在对生态系统服务功能分类的基础上，首次定量测算了生态系统服务价值，有关生态系统服务价值理论框架逐渐得以确立。生态服务价值理论认为，生态系统是有价值的，各类资源构成了统一的生态系统，不同资源在生态系统中因功能不同而价值不同。这一理论与过去认为生态环境是公共品的观点截然相反。

按照生态系统服务价值理论，生态资源不是无价的，不是随意获取的公共物品，优质的生态资源理应享有优质的价值。界定了生态系统的服务价值，也就明确了生态系统的商品属性，从而为生态补偿提供了理论依据。从国家对主体功能区的不同功能定位来看，重点生态功能区被赋予了更多的环境保护职责，在产业准入、产业布局、经济发展方面存在一些限制，牺牲了一些发展空间和机会，客观上为全国整体经济布局和生态环境保护做出了牺牲和贡献，理应获得一些补偿。因此，从这个意义上讲，生态系统服务价值理论也是重点生态功能区生态补偿问题研究的主要理论工具之一。

（五）重点生态功能区生态补偿的理论框架

对重点生态功能区生态补偿问题的研究是一个复杂的问题，包含生态补偿的必要性和重要性（为什么需要补偿）、生态补偿的主体和客体（谁补偿谁）、生态补偿的机制构建（补偿架构是什么）、生态补偿的额度测算与界定（补偿多少）和生态补偿的方式与路径（如何补）等多个环节，每个环节相互联系、相互作用，共同构成了重点生态功能区生态补偿的整体架构。任何一个环节成为"短板"都会影响整体的补偿绩效，因此，需要借助多个理论从多角度展开综合分析。

生态补偿的必要性和重要性问题事关补偿全局，是补偿的"风向标"，可持续发展理论可以作为分析该问题的主要理论工具；生态补偿的主体和客体事关补偿体系，是补偿的"指南针"，产权理论和外部性理论为该分析问题提供了理论指导；生态补偿的机制构建事关补偿运行，是补偿的"发动机"，产权理论和外部性理论同样可以作为分析该问题的主要理论工具；生态补偿的额度测算与界定事关补偿的公平性和科学性，是补偿的"定盘星"，生态系统服务价值理论为该问题的分析提供了理论武器；生态补偿的方式与路径事关补偿的有效性，是补偿的"压舱石"，产权理论和外部性理论为该问题的解决提供了理论依据。综上所述，可持续发展理论、产权理论、外部性理论和生态系统服务价值理论可以为重点生态功能区的生态补偿的各个环节提供理论指导，共同构成了分析和解决该问题的理论框架（见图2-1）。

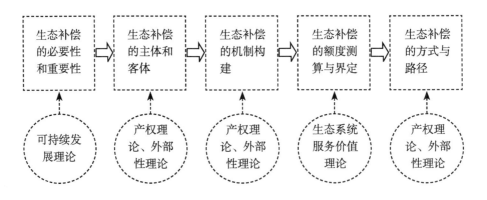

图 2-1 重点生态功能区生态补偿理论框架

三、本章主要观点

本章对重点生态功能区生态补偿的国内外研究动态以及本课题所运用的主要理论工具作了系统梳理、归纳和总结。厘清生态补偿理论的历史演进与内涵要义，是江西重点生态功能区生态补偿问题分析的逻辑起点，为了掌握重点生态功能区生态补偿的研究动态，本章从重点生态功能区保护和发展与生态补偿之关系、重点生态功能区生态补偿理论依据和内涵的探讨与争论、重点生态功能区生态补偿机制、重点生态功能区生态补偿类型和模式、重点生态功能区生态补偿路径（途径）、重点生态功能区生态补偿绩效评价以及重点生态功能区生态补偿政策制度等方面作了综合归纳和总结，并指出了当前文献在研究尺度、研究方法和研究内容上的不足，从而为本课题的后续研究作了充分的文献准备。

此外，为了找寻重点生态功能区生态补偿研究问题的理论工具，本章简要介绍了可持续发展理论、产权理论、外部性理论和生态系统服务价值理论的理论演变和理论框架，并分析了以上理论对重点生态功能区生态补偿问题研究的适用性和指导性。最后，从重点生态功能区生态补偿的环节角度，提出了重点生态功能区生态补偿的理论分析框架。

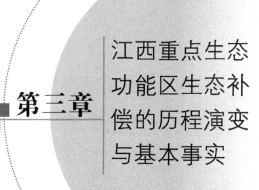

第三章　江西重点生态功能区生态补偿的历程演变与基本事实

一、江西重点生态功能区生态补偿的历程演变

江西省委省政府历来高度重视、高位推动生态文明建设。改革开放40多年来，江西省的发展理念和发展战略充分体现了生态文明建设始终贯穿于全省政治、经济、社会、文化等各个方面和过程，围绕"生态立省、绿色崛起"进行了不懈探索，始终坚持走可持续发展之路。有关江西重点生态功能区的生态补偿问题，江西省的实践历程大致经历了以下几个阶段：

第一阶段为20世纪80年代至20世纪末，为生态理念和生态发展战略的萌芽时期。在这一时期，国家和地方的主体功能区规划尚未出台，有关重点生态功能区的范畴、内涵、定位尚未明确。因此，在这一时期，江西省有关生态文明建设的发展战略并不是聚焦于某一类具体的生态区域，而是以全省为政策覆盖对象。自20世纪80年代起，江西就相继提出了"画好山水画，写好田园诗""治湖必须治江，治江必须治山，治山必须治穷"的科学发展理念，实施"山江湖开发治理工程"，提出抓生态建设就是抓经济建设，将"治湖、治山与治穷"相结合，从经济发展理念上将生态环境与经济发展统一起来。到了90年代，省委省政府进一步提出要"山上再造一个江西"的建设思路，充分体现了江西省委省政府一以贯之的生态文明发展理念。

第二个阶段为21世纪初至党的十八之前，为生态发展理念积极有为的推进时期，江西践行"既要金山银山，更要绿水青山"的发展理念。进入21世纪，江西的发展开始进入"快车道"。与此同时，一些环境问题开始凸显。江西重点生态功能区有着丰富的矿山、湖泊、植被、动物

等资源，同时也是全国经济相对滞后、自然环境相对脆弱的地区，这就造成当时部分地方为了生存发展和获取经济利益而大肆攫取资源破坏生态环境的局面。一些地方政府片面追求 GDP 增长率，发展粗犷型经济，高资源消耗、低利用率，过度采伐林木、开垦耕地、开采矿藏，造成水土流失、土壤和空气污染、资源锐减等一系列突出的生态问题。21 世纪初，江西提出强调经济建设不能以牺牲生态环境为代价，要加倍珍惜环境和资源，要正确处理发展与合理利用资源、保护生态环境之间的关系。2003 年，江西省确立了"高排放的项目坚决不搞，高耗能、低产出的项目坚决不搞，环保措施不到位的项目坚决不搞"的"三个坚决不搞"的决定。2005 年，提出建设"绿色生态江西"。2008 年，省委提出建设"鄱阳湖生态经济区"，该生态经济区于 2009 年 12 月获得国务院批复，成为全国第一个以生态为特色的地方区域规划。2011 年，省第十三次党代会提出建设"富裕和谐秀美江西"。这一时期的江西生态文明建设走在全国领先的位置。

第三个阶段为党的十八大以来，为生态发展理念和战略深入推进、制度构建、成效突出、全国示范的时期，江西秉持"绿水青山就是金山银山"的发展理念。党的十八大以来，江西省按照"五位一体"总布局要求，积极探索经济与生态协调发展、人与自然和谐相处的新路子，生态江西建设明显提速。2012 年，省第十二届人民代表大会第一次会议上，省政府提出了未来五年江西"生态文明建设全国领先"的更高要求。2013 年，省委十三届七次会议提出了"发展升级、小康提速、绿色崛起、实干兴赣"的发展战略，进一步确定了生态立省、绿色发展战略。2018 年 7 月，省委十四届六次全体（扩大）会议明确提出落实"创新引领、改革攻坚、开放提升、绿色崛起、担当实干、兴赣富民"的"二十四字方针"，进一步明确建设国家生态文明试验区、打造美丽中国"江西样板"的总要求。

生态文明理念已成为全省上下的共识,推进生态文明建设已成为全省各级政府发展经济、保障民生的自觉行动。2017 年 6 月,中央深改组第三十六次会议审议通过《国家生态文明试验区(江西)实施方案》,江西成为全国首批三个国家生态文明试验区建设试点省份之一。目前,江西正在加快推进实施方案中的制度体系 24 项重点任务,确保按时间节点形成制度成果,总结形成江西经验。

相应地,江西着眼于不同主体功能区的生态文明建设举措不断落地。随着 2010 年《全国主体功能区规划》和 2013 年《江西省主体功能区规划》的相继出台,针对不同功能区的发展政策、措施、办法相继出台,尤其是江西省 26 个县被列入国家重点生态功能区,有关重点生态功能区的举措就更加具有针对性和聚焦性。2017 年 4 月,《江西省第一批国家重点生态功能区产业准入负面清单》出台,为首批获批的国家重点生态功能区有针对性地制定了负面清单。2017 年 5 月,江西省人民政府办公厅《关于健全生态保护补偿机制的实施意见》特别指出要加强重点生态功能区监测能力建设,建立环保、水利、国土资源等部门协调机制,构建统一规范、布局合理、覆盖全面的生态环境监测网络;加大对罗霄山集中连片特困地区、"五河一湖"及东江源头地区的生态补偿资金扶持力度,加大重点生态功能区转移支付力度。

纵观江西生态文明建设的历程,从"治山、治水、治贫""既要金山银山,更要绿水青山",到如今全力打造美丽中国"江西样板"、加快建设富裕美丽幸福现代化江西,充分体现了历届省委、省政府认识到生态保护在经济社会发展总体战略中的极端重要性,体现了始终坚持科学发展、生态优先、绿色崛起的发展思路。

二、江西重点生态功能区生态补偿的主要做法

江西重点生态功能区生态补偿的主要做法是通过对生态补偿机制的探索与改革进行资源补偿和破坏补偿。江西省根据各县区生态功能区情况，在颁布的有关自然资源和环境保护的地方性法规、地方政府规章以及有关文件中也相应地作出了生态效益补偿的规定。归纳而言，具体做法如下。

（一）以体制机制创新为路径，建立健全生态文明建设各项制度

一是健全"源头严防"制度体系。划定生态保护红线，落实最严格的耕地、水资源红线。完善自然资源产权制度，开展自然生态空间统一确权登记，启动自然资源资产管理体制改革。健全空间管控制度，启动编制省域空间规划，6个市县"多规合一"试点形成成果，推动26个国家重点生态功能区全面实行产业准入"负面清单"制度。二是建立健全"过程严管"制度体系。全面推行"河长制"，建立健全区域与流域相结合的5级河长组织体系。完善全流域生态补偿制度，在全国率先实行全流域生态补偿，首批流域生态补偿资金20.91亿元全部下达到位；启动江西—广东东江跨流域生态保护补偿试点[①]，探索开展了江西—湖南渌水流域横向生态补偿试点。完善环境管理与督察制度，开展环保机构监测监察执法垂直管理制度改革，出台江西省环境保护督察方案，完善环境资源执法和司法衔接机制等。三是建立健全"后果严惩"制度体系。完善考核评价机制，优化市县科学发展综合考核评价体系，出台江西省生态文明建设目标评价考核办法，2017年完成绿色发展评价，2018年在全国率先开展考核。推进自然资源资产负债表试点并形成初步成果，2017年完成萍乡、吉安等地试点审计，推动建立经常性审计制度。实行党政领导干部生态环境损害责任追究实施细则，建立精准追责、终身追责机制。

---

① 吴晓军. 关于江西省生态文明建设和生态环境状况的报告 [R]. http://xxgk.xingguo.gov.cn/bmgkxx/jsj/gzdt/zwdt/201702/t20170216_422473.htm.

江西省是在全国较早推行生态文明法规制度建设的省份之一。早在
2001 年就出台了我国第一部资源综合利用的地方性法规《江西省资源综合
利用条例》，并于 2012 年出台了我国第一部关于生态经济区环保的地方性
法规《鄱阳湖生态经济区环境保护条例》。近年来，江西生态立法步伐明
显加快，相继出台了《江西生态空间保护红线规划》《江西省生态空间保
护红线管理办法》《江西省湿地保护工程规划》《城镇生态污水处理及再生
利用设施建设规划》《农村生活垃圾专项治理工作方案》《节能减排低碳发
展行动工作方案》《江西省实施〈中华人民共和国节约能源法〉办法》《江
西省实施河长制工作方案》《江西省流域生态补偿办法（试行）》等法规制
度。2016 年以来，江西省的生态文明立法进一步引入纵深，相继出台了
《江西省编制自然资源资产负债表试点方案》《江西省党政领导干部自然资
源资产离任审计实施意见》《江西省党政领导干部生态环境损害责任追究
实施细则（试行）》《江西省生态文明建设目标评价考核办法（试行）》《江
西省环保社会组织行为规范指导意见》《关于健全生态保护补偿机制的实
施意见》《江西省生态环境监测网络建设实施方案》《江西省环境保护督察
方案（试行）》《关于为江西省深入推进国家生态文明试验区建设提供司法
服务的保障的指导意见》等。

在各个具体资源领域，江西的地方性法规的立法工作也走在全国前
列。例如，在森林生态补偿领域，2007 年 5 月 1 日颁布的《江西省森林
条例》第十一条规定，公益林实行森林生态效益补偿制度。森林生态效益
直接受益单位应当从其经营收入中提取一定比例的资金，用于公益林的保
护、建设以及对公益林所有者的补偿。从 2009 年 8 月 1 日起施行的《江
西省生态公益林管理办法》第五条规定，县级以上人民政府应当将生态公
益林建设纳入国民经济和社会发展规划，将生态公益林补偿、森林防火、
森林病虫害防治等经费纳入同级财政预算；第二十六条规定，生态公益林

实行森林生态效益补偿制度。按照事权划分的原则，森林生态效益补偿资金由各级人民政府共同分担。森林生态效益补偿资金主要用于生态公益林的营造、抚育、保护和管理等费用支出[①]。

通过以上制度法规，江西省全方位构建了起了具有江西特色、系统完整的生态文明制度体系，形成了江西生态文明建设初步的制度成果和经验探索。

（二）以提升生态功能为重点，筑牢生态安全屏障

一是推进流域综合管控。尊重自然生态空间的完整性，着力推进统一规划、统一监管、统一执法、统一行动。建立了农、林、水、环保、国土、交通等相关规划衔接机制，建成全省统一、覆盖市县的断面水质监测网络，健全河湖管理的日常巡查、情况通报和责任落实机制。二是实施生态修复工程。实施森林质量提升工程，2016 年完成造林面积 208 万亩，森林抚育 560 万亩，改造低产低效林 150 万亩。实施水土保持工程，综合治理水土流失面积 1100 平方公里以上。实施湿地保护工程，建立湿地总量管理、分级管控、占补平衡机制，湿地占国土面积比重达 5.5%（吴晓军，2017）。三是开展样板示范创建。加快抚州生态文明先行示范市、昌铜高速生态经济带建设，推进赣州国家山水林田湖生态保护修复试点，启动 28 个生态保护修复项目，总投资 84.5 亿元。

每个重点生态功能区所在的县区也正在做着相应的努力，如安远县通过生态补偿机制的运行，实施了一系列的以三百山森林资源为主体的生态保护工程。为保护好三百山等地的天然森林资源，发挥天然林的天然生态屏障作用，安远从 20 世纪 80 年代初开始实施天然林保护工程，对源区所在乡（镇）、林场全面实施天然林禁伐措施，禁伐天然林面积达 120 多

[①] 江西省人民政府．江西省生态公益林管理办法［EB/OL］．http://www.jiangxi.gov.cn/zzc/ajg/szfl/201410/t20141028_1090356.htm．

万亩，建立了三百山自然保护区、九龙嶂植被类型生态保护区和蔡坊天然林水源涵养保护区，划定国家级、省级生态公益林 91.74 万亩，每年林木采伐量从 8 万多立方米下降至 3 万立方米以下。为构建南方地区重要生态屏障，安远县每年除固定环保资金投入之外，另行拿出 5000 多万元用于生态建设等环保事业，实施生态修复工程。投资 6000 多万元规划建设约 4 万亩东江源国家湿地公园，启动东江源森林公园第一期建设工程。近几年，全县取得了造林绿化 20.6 万亩、绿化荒山荒坡 10.5 万亩、新增封山育林 4 万亩、退耕还林 7.2 万亩、退果还林 1.5 万亩的好成绩。

具有"世界钨都，稀土王国"美称的东江源区（在江西境内主要指寻乌县、安远县、定南县），水资源丰富，矿产资源充足，但是因疯狂掠夺式开采，出现生态系统涵养水源能力退化导致水土流失和区域水环境污染的问题。截至 2005 年，东江源区三县水土流失总面积已达到 85370 平方米，区内生活垃圾、生活污水未经处理排放和矿业开采对农田土壤造成了严重污染。这种滥用资源、破坏生态的行为因为以下几条相关法律文件得到控制：2007 年 7 月国务院发布的《关于编制全国主体功能区规划的意见》、2008 年 7 月国家环境保护部和中国科学院发布的《全国生态功能区划》、2007 年 8 月 24 日国家环境保护总局文件《关于开展生态补偿试点工作的指导意见》。江西东江源区被划定为水源涵养生态功能类型区，国家将增加对该区域用于公共服务和生态环境补偿的财产转移支付。2008 年 8 月，国家环保部发出通知，江西省东江源区被正式列为国家首批开展生态环境补偿试点地区。东江源区域对矿山资源的破坏性开采问题得到缓解，水环境问题得到改善，并获取了更多的生态补偿资金。

（三）以产业转型升级为支撑，促进生态与经济协调发展

一直以来，江西坚持经济发展与生态环境保护协同推进，践行"生态 +"的产业发展理念，不断推进产业转型升级，加快建设环境友好的绿色工业

体系、生态有机的绿色农业体系、集约高效的绿色服务业体系，把发展绿色产业、促进产业绿色化作为促进经济发展与资源环境相协调的基本途径，不断提高经济发展质量和效益。

一是做好产业发展"加减法"。在培育新动能上做"加法"，建立创新型省份建设"1+N"政策体系，制定出台贯彻新理念、培育新动能的政策措施，推动全省新技术、新产业、新业态、新模式加速发展。在改造传统动能上做"减法"，2016年，全省"去钢铁过剩产能五年任务"一年完成，去煤炭过剩产能超额完成年度任务。二是推动生态价值"快转化"。大力发展"生态+"现代农业，创建11个国家级现代农业示范区；大力发展"生态+"现代服务业，突出抓好"大健康"产业和生态旅游产业。三是实施循环经济"新规划"。深入实施江西省循环经济发展和节能减排"十三五"规划，创建一批国家循环经济示范城市和国家园区循环化改造试点。

（四）以生态工程为抓手，巩固提升生态环境质量

一是实施了以赣南等原中央苏区为重点的低产低效林改造工程与重点防护林工程；下达25个县重点防护林工程中央预算内投资1.4亿元，占全省总量的56.9%；在25个扶贫重点县中选择一批森林抚育成效比较好的国有林场，打造森林抚育精品工程。二是在国家水土保持重点建设项目31个建设指标中优先安排24个贫困县实施，在国家安排的3个水生态文明试点县指标中优先安排2个贫困县实施，在国家抗旱应急水源列入规划建设的15座小型水库中优先安排在12个贫困县实施，在列入全国新建中型水库实施方案的26座中型水库中优先安排16座在贫困县实施。在配套资金安排中，落实赣南等原中央苏区政策，取消赣州市公益性水利项目市、县级配套。在对24个贫困县的2016年农饮项目中，省级补助比例占总投资的50%，比其他地区高10~20个百分点。三是大力夯实产业发展基础，

省级统筹整合资金创新性地实施高标准农田建设，2017—2020年每年落实建设资金约90亿元，用于全省1158万亩高标准农田建设。同时，推动各地以建设高标准农田为平台，落实产业结构调整面积103.7万亩，惠及6.8万贫困户。

围绕群众关切的突出环境问题，开展了"三治理、两提升、一督察"等六大行动。强化工业园区、农业面源、大气污染三方面治理，确保所有工业园区污水处理厂全部投运，全面划定畜禽养殖禁养区、限养区、可养区，淘汰工业园区燃煤小锅炉、黄标车等。推进垃圾分类处理、"清河"两项提升，进一步推进农村生活垃圾分类试点，基本消除铁路、高速公路沿线"脏乱差"现象；深入实施入河湖排污口核查、城市黑臭水体治理等专项行动，年内消除劣V类水体。狠抓生态文明建设督察，全面抓好中央环保督察、长江经济带"共抓大保护、不搞大开发"督察等提出问题的整改落实，确保尽快按要求整改到位。

（五）创新生态补偿方式和途径，优化和提升生态补偿的效果

一是开展全省全流域生态补偿。2015年制定《江西省流域生态补偿办法（试行）》，2016年统筹全流域生态补偿资金20.91亿元，2017年统筹资金26.69亿元，2017年修订了补偿办法，提高贫困县补偿系数，25个贫困县新增扶持资金超过2000万元以上，占所有补偿资金的比重将达到30%以上。二是开展省内县市级生态补偿试点。乐平市与婺源县签订了《共产主义水库水流域横向补偿协议》，对共产主义水库周边的婺源县珍珠山乡、赋春镇和镇头镇以及乐平市共产主义水库管理局进行补偿，资金额度达500万元。三是开展东江源生态补偿。2016年10月赣粤两省签署《东江流域上下游横向生态补偿协议》，2017年省财政厅已下达赣州市的寻乌、安远、定南等东江源头区五县中央奖励资金和省级补偿资金共计7亿元，到2019年预期可获两省补偿资金和中央奖励资金合计15亿元。四是落实

对贫困户的生态公益岗位资金。全省 10500 个生态护林员指标基本安排给 25 个贫困县符合条件的建档立卡贫困人口，同时，保洁员、环境监督员等生态公益岗位也向贫困人口倾斜。五是落实生态公益林及天然林保护补偿资金。2018 年省财政将公益林补偿标准提高至 21.5 元，安排 25 县省级以上公益林补助资金 3.9 亿元，占全省总量的 37.2%；安排 25 县省级以上天然林保护补助资金 2.64 亿元，占全省总量的 31%（见表 3-1）。

表 3-1　2017 年贫困县生态补偿资金

25 个 贫困县	流域生态 补偿资金 / 万元	生态公益林 补偿资金 / 万元	天然林保护 补助资金 / 万元	生态护 林员岗位 / 个
莲花县	2769	640	439	286
修水县	7693	4181	3163	700
石城县	5548	1625	727	344
上犹县	10233	1124	678	180
瑞金市	6194	1599	779	293
赣县区	3485	2030	1597	330
宁都县	7219	2731	1501	539
安远县	10928	1832	1863	414
寻乌县	10578	1854	1396	500
于都县	3997	2428	1117	369
兴国县	4234	2943	596	608
南康区	2912	795	263	455
会昌县	3739	2401	1441	419
吉安县	825	755	756	257
永新县	3218	714	749	391
遂川县	4122	1793	1767	476
万安县	3052	1363	443	650
井冈山市	6683	1586	579	247
乐安县	1227	1243	503	276
广昌县	5509	1166	556	200

续表

25个 贫困县	流域生态 补偿资金/万元	生态公益林 补偿资金/万元	天然林保护 补助资金/万元	生态护 林员岗位/个
上饶县	791	1607	946	339
横峰县	948	657	60	120
余干县	3832	496	269	161
鄱阳县	4794	1294	1223	271
都昌县	3993	861	399	–
合计 （占全省比例）	118523 （44.40%）	39000 （37.2%）	20646 （31%）	8825 （84%）

三、江西重点生态功能区生态补偿的突出特征

（一）产业发展层面，积极调整优化产业结构[①]

江西省"十三五"规划指出要以新型工业化为核心，协同推进现代农业和现代服务业加快发展，促进三次产业互动融合发展，推动产业结构加快向中高端迈进，构建技术先进、协调融合、优质高效、绿色低碳的新型产业系统。

（1）在生态农业方面，江西积极推进农业供给侧结构性改革，紧紧围绕"生态鄱阳湖，绿色农产品"，实施绿色生态农业十大行动，推进农产品绿色化、品牌化、标准化生产，建设农产品可追溯体系，打造全国绿色有机农产品示范基地、国家农业可持续发展试验示范区。江西重点打造"四绿一红"茶叶、"地方鸡"以及"鄱阳湖"水产品等一批绿色生态品牌，绿色生态农业初具规模。截至2016年，江西省已打造"三品一标"产品3657个，其中，无公害农产品1969个，绿色食品590个，有机产品1024个，农产品地理标志74个，创建11个国家级现代农业示范区、66

---

① 国家生态文明试验区（江西）实施方案）［EB/OL］. 人民网，http://politics.people.com.cn/n1/2017/1003/c1001–29571827.html.

个省级现代农业示范区、121 个农业核心示范园 [1] 。

（2）在新兴产业方面，以科技创新引领产业升级，实施江西创新驱动"5511"工程和重点创新产业升级工程，落实战略性新兴产业倍增计划，设立江西产业发展引导基金，打造一批航空、中医药、新型光电、新材料、新能源汽车、节能环保等国家级产业创新平台和载体，加快绿色生态技术标准创新基地建设。2016 年，江西战略性新兴产业实现增加值1165.95 亿元，同比增长 10.7%，高于规上工业平均增速 1.7 个百分点，占全省规上工业比重为 14.9%，同比提高 1.9 个百分点。江西高新技术企业实现工业增加值 2346.5 亿元，占规上工业比重的 30.1%，其主营业务收入突破 9000 亿元，实现利润 726.51 亿元，占规上工业的比重分别同比提高3.9 个和 4.0 个百分点 [2] 。

（3）在新型服务业方面，大力发展低消耗、低污染的现代服务业，推动服务主体绿色化、服务过程清洁化。推广国家生态旅游标准体系，建设国家生态旅游示范区，推广"生态 + 大健康"产业模式，做大做优做强江西生态旅游产业。2016 年全省服务业增加值 7427.8 亿元，同比增长11.0%，占 GDP 比重为 40.4%，首次持平工业增加值比重，对经济增长贡献率为 47.8%，首次超过第二产业的贡献率 [3] 。

以江西省重点生态功能区樟树之乡安福县为例，该县在产业绿化升级方面成绩显著。安福怡兴环保确立的"富集—磁选—重选"工艺，填补了江西对铁尾矿处理、二次处理利用的行业空白，在国内处于领先地位，年消化尾砂 80 万吨，提纯铁精粉 10 万吨。安福南方水泥公司新建低温余热发电项目，年发电量 5000 万度，节约标煤 1.8 万吨。同时，安福县不断加

---

[1] 此部分数据来源于江西省统计局内部非涉密统计报告。
[2] 此部分数据来源于江西省统计局内部非涉密统计报告。
[3] 此部分数据来源于江西省统计局内部非涉密统计报告。

快生态工业的集聚，大力培育液压机电、电子信息、绿色食品三大生态工业，落户液压机电、绿色食品产业园的企业分别达40家、14家。安福县以武功山为龙头，结合城市和美丽樟乡建设，启动了《安福县旅游发展总体规划》修编。将武功山旅游休闲度假区打造为全市唯一的省级现代服务业集聚区，嵘源国际温泉度假村被授予省级服务业龙头企业称号。

（二）制度建设层面，创新体制机制

山清水秀已成为江西省的一张生动的明信片，国家将江西纳入第一批国家生态文明试验区，国家战略性文件《江西省生态文明先行示范区建设实施方案》将江西作为第一个全境列入的省份。江西省各重点生态功能区严格落实，寻求生态立县，将绿水青山纳入干部业绩。例如，资溪县早在2003年全省率先实行领导干部生态环境保护责任审计。该项制度以建设全国生态县为目标，设立了水质标准、森林蓄积量、生态经济等38项考核指标，实行百分制考核，每年年初由组织、环保、林业等部门组成联合考核组逐一打分，并将结果向社会公示（杨珞瑶、曾佳，2015）[①]。"生态审计"一直以来都是该县干部培养和选拔的重要标尺。提拔重用30名在该项审计中工作表现良好的党政干部，处分了11名因审计结果不达标的干部。仅2015年，该县免去5名因在生态建设中出现失职、渎职行为的干部。值得一提的是，马头山林场为保护好10万亩原始森林，废弃原始森林观光旅游项目，中止了延伸到密林深处的景区公路建设，并因此承担了200万元的经济损失。10多年来，资溪县培养了一批"生态干部"，被誉为"动植物基因库"，拥有国家级自然保护区、全国生态示范县、中国十佳休闲旅游名县等11块"金字招牌"。

---

① 杨珞瑶，曾佳. 生态这边独好—资溪县生态文明建设纪实 [N]. 抚州日报，2015-12-28（001）.

（三）发展导向方面，资源利用效率成效显著

江西始终坚持把节能降耗、低碳发展作为推进生态文明建设、转变发展方式的重要抓手。近年来，一个突出的表现是资源利用效率不断提高、产业循环体系初步形成。一是单位 GDP 能耗降幅成效显著。2016 年，万元生产总值能耗（按照 2015 年可比价）为 0.480 吨标准煤，同比下降 4.9%，超额完成年度计划，完成"十三五"总目标任务的 29.0%。二是资源利用率稳步提高。一方面，单位产品能耗水平降低。2016 年，江西重点监测的 60 项单位产品能耗指标中，41 项低于上年同期，优化率为 68.3%，比上年提高 10 个百分点。另一方面，资源利用回收率明显提升。2016 年，江西规模以上工业回收利用能源 602.88 万吨标准煤，比上年增长 0.8%，占规上工业能耗的比重达 11.5%。三是产业循环体系初步形成。江西已初步形成以新余为代表的国家"城市矿产"示范基地、以鹰潭（贵溪）为代表的铜产业循环基地、以丰城为代表的资源循环产业基地、以萍乡经开区和宜黄为代表的塑料资源再生利用产业基地的循环体系。此外，南昌经开区列入国家园区循环化改造试点，吉安、丰城、樟树列为国家循环经济示范城市。江西"企业小循环，产业中循环，园区大循环"的循环体系不断向纵深推进。

（四）试点示范方面，点—线—面的带动示范效应逐渐凸显

"绿水青山就是金山银山"，江西省重点生态功能区立足资源禀赋，依赖本区域得天独厚的生态优势发展经济，一是定期组织 4 个生态扶贫试验区试点县专题协调会及经验交流会，梳理生态扶贫试验区建设思路，探讨生态扶贫的有效途径、方法和政策，协商解决生态扶贫试验区建设的问题。二是各省直各部门有关生态扶贫项目、资金、政策上对 4 个试点县给予倾斜。三是生态扶贫试验区试点县取得局部成效。上犹县探索实施"345 工程"推进贫困群众共享生态红利模式，遂川县探索了"最美梯田"

生态扶贫及茶产业扶贫模式，乐安县探索"26522工程"生态产品扶贫重点平台建设模式，莲花县探索乡村旅游生态扶贫模式。

铜鼓县坚持新型工业加有机农业加旅游产业融合发展，依靠本区域天然中央与优越的地理位置，走出了一条发展经济与保护生态的山区特色产业升级之路。大塅镇古桥村新午餐有机蔬菜基地每天为香港学生提供4万余个餐盒的蔬菜原材料。将该基地的农民纯收入从每月只有600多元增加到每月3000余元。该县还将红色文化、生态文化与客家文化结合起来，高层次开发红色、绿色、古色旅游景区。

安福县的生态农业蓬勃发展，积极探索生态农业模式，实行"山顶戴帽，山腰种果，山脚种稻"模式，推广"猪—沼—果"生态模式。加快推进美国蓝莓、高产油茶、花卉苗木、井冈蜜柚、红豆杉、楠木、龙脑樟等七大万亩特色农业基地建设。"陈山红心杉"商标被认定为全省著名商标，荣获国家地理标志保护产品，武功山大鲵养殖基地全省规模最大。培育省级龙头企业4家，市级农业龙头企业13家，累计成立农民专业合作社193个，注册资金1.8亿元，辐射全县1万余户农民。

安远县建立了"三百山+"工程，即以三百山国家自然保护区为龙头，涵盖安远县全县山林资源的一次产业升级工程，充分利用"三百山"森林资源优势和品牌优势，通过"三百山+旅游""三百山+物流""三百山+林业""三百山+文化""三百山+农林产品""三百山+果业"等增值行为，做大做强"三百山"品牌，带动安远现代服务业的发展，安远农林产品的市场得以扩张。建立"三百山+九龙山"，以"三百山"国家级风景名胜区为核心，结合镇岗客家围屋和三百山温泉，依托"三百山"的品牌优势，坚持高品质定位，加上九龙山的森林旅游资源，带动以东生围、龙泉湖、万寿宫、无为寺塔为重点的文化体验旅游圈，以古迹文物与乡村旅游、红色旅游融为一体的观光旅游圈发展。

婺源县依托丰富的古建筑、特色民居、优美的乡村等旅游资源，创新商业模式，大力发展休闲养生旅游。该县引进10多家龙头企业，带动芳香苗木特色产业发展，种植花果木苗5万株，培育贡菊基地80亩；投资8亿多元培育金山茶叶观光园、江岭梯田花海、甲路民俗风情园、篁岭民俗文化影视村等一批集生产、休闲、体验于一体的农业观光园、特色农庄。形成"农旅结合、以旅促农、以农强旅"的休闲农业与乡村旅游产业形态，成功塑造了中国名牌农产品婺源绿茶，打造了荷包红鲤、山茶油、酒糟鱼、蔬菜果等休闲农业特色农产品。此外，婺源县依托厚重的文化资源，积极开发了江湾古村、江岭梯田、丛溪庄园、严田古樟、大畈砚台、甲路纸伞、秋口傩面等一大批文化旅游基地，积极发展会议会展、体育赛事、写生创作、动漫创意、教育培训、文艺演出等现代文化产业[①]。

四、江西重点生态功能区生态补偿存在的主要问题

江西生态环境优良，生态文明建设起步早、基础好，基本走出了一条将生态优势转化为经济优势的发展道路，为全国生态文明建设积累了丰富经验。但江西作为欠发达省份，江西重点生态功能区的生态补偿问题还面临一些突出问题。

（一）补偿主体单一，过度依赖于政府"输血式"补偿

江西省重点生态功能区生态补偿资金完全依靠地方政府财政预算拨款，这就存在一个问题：具有巨大生态效益森林、湖泊、矿山等资源大都位于经济发展相对落后的县区，这些地区本就存在地方财政总体不足的情况，因此地方政府根本无力支付巨额的生态补偿配套资金。而且越是经济欠发达县区，生态资源越多，生态状况也更为脆弱，因此也就需要更多的

资金投入到生态效益补偿中，这就使经济落后生态功能区所在的县区政府面临更大的财政负担。再加上生态效益补偿所需要的资金数额巨大，单单依靠政府财政补给导致补偿标准过低，与重点生态功能区内生态资源本身所产生的生态效益相差过大，不能完全补偿其价值。另外，生态建设需要长期持续投入，以政府投入为主体的融资机制显然不能满足长期生态补偿的需要。2016年，江西省流域生态补偿资金筹集方案计划首期筹集全省流域生态补偿资金20.91亿元，其中10.91亿元来自中央专项资金，通过国家重点生态功能区转移支付，3亿元来自省级专项资金，其中，"五河一湖"和东江源头生态保护区奖励资金1.7亿元、省水利厅0.4亿元、省发改委0.3亿元、省林业厅0.3亿元、省环保厅0.3亿元。然后设区市和县级财政筹集，地方财政筹集4亿元，其中，11个设区市本级筹集1亿元，100个县筹集3亿元，只有剩下1亿元计划在社会、市场上募集（吴晓军，2017）。

（二）补偿标准过低，既不能激励受偿主体，又不能威慑环境侵害主体

江西省重点生态功能区的生态偿资金主要用于森林的防火防病虫害、流域的水环境和泥沙治理、矿业的废气废渣和地质塌陷等因为对环境资源利用及使用造成的不良后果的支出，受补偿地区的直接受害者是当地居民，但他们能够真正得到的收益却很少，其丧失的发展机会成本没有得到充分补偿，现行的补偿标准没有真正体现"生态补偿"的内涵。在各县区公益林的补偿标准问题上也没有统一标准，由于经济发展程度不同，修水县、上犹县、大余县、南丰县、龙南县这几个县区投入的用于环境保护和治理的资金明显高于其他县区，资溪县、全南县环保投资额占GDP比重则多数年份低于其他县区。以矿业生态补偿费用为例，江西省重点生态功能区的矿产资源税、资源补偿税、探（采）矿权使用费均按照国家标准收费。2008 年制定的矿业资源税规定从价征收，幅度预计在 5%~10%，但这一税率还处于改革中。虽然自 1994 年就开始征收矿产资源补偿费，但目前国内绝大多数种类的矿产资源的补偿费率为其矿产品销售收入的 1.18%，仅为矿业发达国家的 10% 左右。因此，江西省应制定有利于保护地方资源的生态补偿征费规定，以保障重点生态功能区的资源数量与质量。如果利益受损的百姓得到的补偿并不能够弥补其经济损失，这不仅会影响当地居民生活水平，还会影响了他们对生态环境保护的积极性。

（三）补偿评估机制缺失，补偿前评估机制、补偿后评价机制均不健全

补偿评估机制的缺失表现在生态补偿前缺乏完善体系的评估机制和进行生态补偿后缺乏评价机制，尤其是缺乏定量评价机制。补偿前的评价机制缺失是指政府在进行生态效益补偿前对各项资源生态效益补偿的标准到底应该是多少并没有清楚的认识，还只是停留在政府"拍脑袋"决定拨付补偿资金额的层面上（张辉，2016）。由于缺乏科学的生态系统服务价值评估体系和补偿标准体系，江西省现行的生态效益补偿制度没有考虑不同的受补偿的重点生态功能区区位重要性的差异、经济发展程度的差异以及林农生产生活成本的差异等，造成有些县区补偿资金超出其实际需要，而有些县区则远远不够（张辉，2016）。例如，按照公益林面积发放补偿资金，虽然操作起来简单方便，可是只注重公益林面积而忽视公益林提供生态服务功能的质量，补偿地区的林农实施起来也会消极怠惰，影响公益林生态功能建设（张辉，2016）。同样地，在生态补偿之后，也缺乏相关部门对生态补偿的实施效果进行科学有效评估。例如，矿山开采后资源数量和质量的变化情况如何，废渣废气处理情况如何，附近居民对生态恢复满意度如何，对所接收的生态补偿资金数额是否满意，生态环境状况是否有所改善、生态功能是否有所提高，以及补偿地区林农生产生活水平是否

有所提升等。由于统一的生态效益评价指标体系的缺失，补偿效果的好坏及其变化程度也无法定量评判，全凭地方相关部门主观认定。补偿前评价机制缺失使生态补偿制度的实施缺乏针对性和有效性，补偿效果大打折扣；补偿后评价机制缺失使政府拨付的补偿资金成为受补偿地区的既得利益，对补偿地区政府和林农实施生态补偿没有任何约束，同样也会影响补偿效果（张辉，2016）。

（四）监督与管理体制不健全，主要表现在生态补偿政策法规还有待健全和补偿实施工作缺乏监督

江西省重点生态功能区监督管理体制不健全有两个原因：一方面，专门针对重点生态功能区生态补偿的政策法规还有待进一步健全，个别领域还没有建立起相应的生态补偿专项条例，各部门的相互配合还需进一步协调。由于配套的法律法规不健全，管理体制也存在一些问题，影响了重点生态功能区生态补偿工作的实施与效果。以重点生态功能区林业生态补偿为例，它涉及林业、水利、农业、畜牧等多个部门，补偿工作的顺利开展就需要各部门相互协调运转。现实情况通常是生态补偿工作中存在不同程度的多头管理、工作内容有所交叉，难以实行统一有效的林业生态效益补偿制度。另一方面，生态补偿监督工作还需进一步加强，例如，中央财政补偿资金的拨付和管理缺乏第三方部门的监督。上级政府出台的政策法规对生态补偿资金的拨付和管理有明确规定，但是没有对应的监督机构对资金是否按时足额下发进行监督；并且下一年度的补偿资金是由省林业局和财政部向中央报送当年补偿资金使用情况、管护情况之后由中央拨付的，但是由生态补偿实施部门自行总结生态补偿实施效果，其真实性和公正性也缺乏相应监督。由于生态补偿具体实施过程缺乏监督，还有部分地区在补偿之初对确立的任务和目标并没有严格执行，有法不依和执法不严现象存在，也在一定程度上影响了生态补偿工作的顺利开展。

（五）生态补偿对重点生态功能区建设的支撑作用有待进一步强化

（1）贫困地区生态产业发展难以形成规模。重点生态功能区因地制宜地发展特色优势产业的水平有待加强，产业发展的支撑还不够，如油茶产业发展存在周期长、见效慢、资金投入不足、单产水平有待提高等问题。任何生态产业的培育都需要一定的周期，当前全省重点生态功能区生态产业的发展存在一些现实问题，主要表现在：一是生态产业选择较为困难。产业发展不可避免地需要承担自然、市场等风险，更具有严肃性和严峻性，要选择适合的产业比较困难。二是产业带动能力不强。产业集中度不高、产业链不完善及产品附加值低等问题仍然较为突出，产业辐射带动贫困人口增收脱贫的能力相对较弱。三是支持生态产业的投入不足，贫困地区地方财力有限，支撑生态产业发展的能力不足。

（2）生态公益"岗位"覆盖面有限。一是受生态资源条件限制，相当一部分重点生态功能区居民难以享受到生态扶贫政策。例如，全省林业资源分布不均，平原湖区林地面积很少，致使相当一部分居民没有山林经营，没有办法享受林业生态保护扶贫政策。二是生态公益岗位人员基本素质整体不高，不能充分胜任岗位要求，实地调研中发现地方林业部门对生态护林员的技术培训、指导监督等不到位。

（3）生态补偿的力度还有待进一步加强。一是补偿范围偏窄。现有生态补偿主要集中在森林、水（流域）、矿产资源开发等领域，湿地生态补偿尚处于起步阶段，耕地及土壤生态补偿尚未纳入工作范畴。二是补偿标准普遍偏低。例如，一些地方反映全省现行 20.5 元 / 亩的公益林补偿标准虽高于国家标准，但不足以弥补林农的养护成本和失去的经济效益。三是补偿资金来源渠道和补偿方式单一。当前全省补偿资金主要依靠中央财政转移支付和省财政，地方政府和企事业单位投入、优惠贷款、社会捐赠等其他渠道明显缺失。除资金补助外，产业扶持、技术援助、人才支持、就业培训等补偿方式未得到应有的重视。四是补偿资金不能确保用于环境保护和生态建设。各类补偿资金原则上应用于生态建设和环境保护，可有些地方仍出现挤占、挪用补偿资金现象，没有做到专款专用。

五、江西重点生态功能区生态补偿存在问题的原因解析

（一）生态资源的公共产品性质

生态效益补偿主体单一的根源在于生态资源的公共产品特性，如矿山的森林、草地、动物共同构成一个完整的生态系统，具有生态服务功能。这个生态系统发挥涵养水源、制造氧气、防沙固土的功能，为农业、工业生产提供系统支持，为生产生活提供原材料，具有非排他性，该地区居民都可以享用这种生态服务。同时也具有非抗争性，该区域增加任何一个人对矿山生态服务功能系统的分享时，该生态系统没有增加成本（宋蕾，2009）。绝大部分生态资源产生的生态效益都是面向整个社会的，至少是社会的局部地区无差异受益，即在生产过程中各种资源产生的巨大生态效益可以被除了供给者以外的社会其他成员无偿享用，而公共产品特性又使这些资源产生的生态效益无法通过市场交换来使资源供给者得到应有的补偿，影响了资源供给者的积极性。人们在消费公共产品时普遍存在的"搭便车"心理，并不利于资源生态效益的持续提供。所以为了保证资源的稳定供给，政府承担起了资源生态效益补偿主体的责任。但这绝不意味着政府是唯一的补偿主体，按照"受益者补偿"的思路，政府、企业和公众都应是生态补偿主体。

（二）资源生态服务功能供求不均衡

江西省重点生态功能区生态补偿标准偏低，其根本原因在于各种生态服务功能的供求达不到均衡。一些生态环境问题，如土地和植被的破坏，

经过矿山企业边开采边复垦，将恢复一定的生产能力和生态功能，这种生态环境的补偿是"即期修复需要"；但是像大气、水体等生态环境一旦遭到破坏，其污染控制和治理将很难由一家企业独自在短时间内完成，这种生态环境的补偿是"远期修复需要"。因此，生态补偿既要平衡"新账"又要处理"旧账"。例如，20世纪六七十年代的毁林开荒和过度采伐造成了森林资源严重破坏，森林生态服务功能的供给处于较低的水平，若要修复则需要一大笔专项资金。再加上林业资源生长周期较长、恢复十分缓慢，林业生态服务功能的供给增加缓慢。另外，江西省越来越注重经济效益以外的生态效益和社会效益，对林业资源涵养水源、防风固沙等生态系统服务功能的需求不断提高，对生态系统服务的需求增长速度也较快。所以随着对林业生态系统服务功能快速增长的需求，政府作为单一的补偿主体为了尽可能地平衡各个县区供给增加，使得生态补偿的标准偏低。

（三）生态体制机制创新亟待突破

在制度建设过程中，一些地方过于强调顶层设计，习惯盯着国家、省有没有出台相应政策，先行先试、探索创新的主动性和积极性还有待加强。有的制度既需要顶层加以完善，又需要建立科学标准。例如，空间规划改革既无法定地位、缺乏强制性和有效性，又没有统一标准，省级规划往往难以突破国家各行业有关规定、标准，障碍较大。生态补偿机制尚未建立，长江中上游地区、重要支流的源头地区仍然欠发达，这些地区为保护生态安全做出了重要贡献，但自身也面临加快发展、全面小康的艰巨任务。

（四）绿色发展的制约因素较多

工业基础薄弱，冶金、建材、化工、食品加工等传统产业占工业的比重较大，传统产业转型升级还需要一个较长过程。新兴产业发展起步相对较晚，产业规模小、集中度低、自主创新能力不强，技术人才支撑相对薄弱。一方面，江西省正处于工业化和城镇化加速发展时期，资源能源消耗与污染物排放总量仍在增加，环境容量压力较大。个别地方在处理经济发展与环境保护方面存在一手硬、一手软现象，少数企业环保意识薄弱。另一方面，江西生态文明建设基础薄弱，历史欠账较多，污水垃圾处理等基础设施建设相对滞后、配套不全。农村环境基础仍然薄弱，农业面源污染尚未得到全面解决。

（五）基础工作技术支撑存在缺陷

基础工作和技术不能充分予以支持是江西重点生态功能区生态补偿绩效效率不高、成效弱化的重要原因。理论上，虽然已经有众多专家学者对生态补偿标准和生态服务价值核算展开了研究，但有关生态补偿的一些关键环节和核心问题还未达成共识。例如，生态资源数量和质量相关指标体系还没有建立统一体系，对相应指标的监测评估体系和指标核算方法的研究滞后于实践探索。到目前为止，江西省除了2016年实施的《江西省流域生态补偿办法》外，还没有专门针对江西省重点生态功能区的生态补偿办法和条款，也没有为矿山、森林等资源专门制定生态补偿办法。江西省绝大部分重要的生态资源集中在26个国家重点生态功能区，这些基础工作的缺陷直接影响了江西省重点生态功能区生态补偿的标准、主体、客体、方式以及评估工作的开展。

六、本章主要观点

本章对江西重点生态功能区生态补偿的历程演变、主要做法、突出特征、存在问题及存在问题的原因进行了归纳和总结。江西重点生态功能区生态补偿历程大致经历了生态理念和生态发展战略的萌芽时期（20世纪80年代至20世纪末）、积极有为的推进时期（21世纪初至党的十八之前）以及制度构建、成效突出、全国示范等（党的十八大以来）三个时期。江西重点生态功能区开展生态补偿的典型做法是以体制机制创新为路径，建立健全生态文明建设各项制度；以提升生态功能为重点，筑牢生态安全屏障；以产业转型升级为支撑，促进生态与经济协调发展；以生态工程为抓手，着力推进重点生态功能区的生态补偿；创新生态补偿方式和途径，优化和提升生态补偿的效果。在产业发展层面，积极调整优化产业结构；制度建设层面，创新体制机制；发展导向方面，资源利用效率成效显著；试点示范方面，点—线—面的带动示范效应逐渐显现等突出特征。

但江西重点生态功能区的生态补偿也存在补偿主体单一，过度依赖于政府"输血式"补偿；补偿标准过低，既不能激励受偿主体，又不能威慑环境侵害主体；补偿评估机制缺失，补偿前评估机制、补偿后评价机制均不健全；生态补偿政策法规还有待健全和补偿实施工作缺乏监督；生态补偿对重点生态功能区建设的支撑作用有待进一步强化等问题。造成以上问题的原因主要有生态资源的公共产品性质、资源生态服务功能供求不均衡、生态体制机制创新亟待突破、绿色发展的制约因素较多、基础工作技术支撑存在缺陷等。

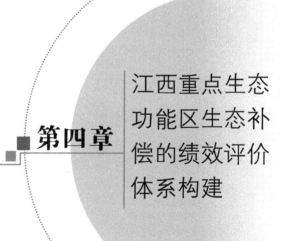

第四章

江西重点生态
功能区生态补
偿的绩效评价
体系构建

一、江西重点生态功能区生态补偿绩效评价体系构建的思路

为了更好地协调区域经济、资源环境协调发展，国务院在 2010 年 12 月印发了《全国主体功能区规划》，将我国国土空间布局划分为四大功能区（优化开发区域、重点开发区域、限制开发区域和禁止开发区域）。2013 年 2 月，江西省人民政府印发《江西省主体功能区规划》，将全省国土空间布局划分为三大主体功能区（重点开发区域、限制开发区域和禁止开发区域）。其中，重点开发区域包含 35 个县（市、区）（含国家级开发区域），限制开发区域包括 65 个县（市、区）（含国家限制开发区域 9 个），禁止开发区域未列入统计。而生态补偿作为一种用经济调节生态环境的手段，在保护环境与区域经济的发展中发挥着重要作用。生态补偿机制主要是以保护生态环境为目的，运用行政和市场手段调节生态保护利益相关者的利益。同时，生态补偿是缩小区域差异、发展区域经济、实现区域可持续发展的重要保障。

江西省生态资源丰富，景色怡人。2015 年习近平总书记参加十二届全国人大三次会议江西代表团审议时，曾殷殷嘱托江西"走出一条经济发展和生态文明相辅相成、相得益彰的路子，打造生态文明建设的'江西样板'"。而建设美丽可持续的"江西样板"离不开市场化、多元化的生态补偿机制。因此，构建江西重点生态功能区生态补偿绩效评价体系能够为全省生态补偿建设确立明确的目标，有效的开展绩效评估，也能更好地对各生态区生态补偿进行引导与监督。

根据以上分析，江西重点生态功能区生态补偿绩效评价体系的构建

要体现出三个方面的要求：一是绩效评价指标选择要一致，不同地区之间的绩效评价只有标准统一，才能进行统一比较。二是要体现不同指标对评价结果的影响，绩效的结果是评价考核，目的是通过绩效考核来得出哪些指标对结果具有显著影响，以期为日后或其他地区提供借鉴。三是要能体现生态补偿绩效机制的长效性，指标的选择不仅要注重影响短期效果的指标，更应该关注长期绩效指标的选择，从而将地方政府的只注重 GDP 的短期利益转变为经济与生态可持续的长效政绩观。

二、绩效评价指标选择与权重确定

绩效评价指标的选取是构建生态补偿绩效体系的重要部分，指标的选取优劣程度直接关系到绩效评价的质量，对全省重点生态功能区不能进行全面科学的有效分析，会造成一些投入—产出比的失衡。

（一）评价指标选取的原则

绩效评价，关键在于指标的选取，因此，在选择指标时，要注意坚持以下原则。

（1）指标的选取一定要与评价对象相关，可控或部分可控。绩效评价的最终结果是优化各投入—产出比，凡是与评价对象相关且通过一定的方法能对其进行控制的指标都可以进行选取。我们评价的是重点生态功能区的生态补偿绩效，投入和产出指标应该以此为中心，如人均耕地面积、人均森林面积和工业总产值应为重要产出指标，而污水处理面积则不是考虑重点，毕竟其与生态补偿关联性较低，企业污水处理受政府及环保法的强制要求。

（2）指标的选取要尽量规范。任何一项实验，无论何种指标的选取，一定要遵循相关的行业规律及法律规章。而且应尽量避免因个人主观意愿对结果造成的影响。虽然有些方法能避免主观上指标的权重赋值问题，但倘若指标对结果的影响较小或者根本没有影响，那么我们的研究结果将变得有失公允。

（3）指标的选取应具有一定的独立性。一方面，在对重点生态功能区的生态补偿绩效评价时要保持一定的独立性，减少地方政府出于保护本地区而进行的干预。另一方面，在指标的选取过程中，尽量减少一些关联性大的指标，如选择 GDP 增长率，那就不用再选择 GDP 增产量。因此，类似这种指标的相互关系可以通过一定的数学推算而出。

（二）评价指标的分类

近年来，随着我国经济的发展，越来越多的人对生态环境更加关注，而生态补偿机制作为一种调节经济发展与生态环境之间的关系，无疑为我们在保护环境方面提供了一种新的发展思路。生态补偿的本质内涵是通过改善与恢复生态系统的服务功能，并协调利益相关者因保护或破坏自然生态环境活动所产生的环境利益和其经济利益分配关系，来最终实现经济发展与生态环境保护并存，进而促进人与自然和谐持续发展。生态补偿的原则一般为"谁受益，谁补偿；谁污染，谁补偿"。因此，在补偿之前就应该明确主客体、补偿范围、补偿标准。

总的来说，生态补偿的目的有两个方面：一是在确保经济发展的同时，要求受益人付出一定的代价来弥补由此造成的生态污染；二是对为了保护环境而牺牲经济利益的相关人给予一定的补助，通过资金的作用来引导人们更加注重生态保护。因此，为了准确地对江西省重点生态功能区生态补偿绩效进行评价，应始终将生态补偿目的和重点生态功能区可持续发展目标融入绩效综合评价指标体系构建的全方面与全过程中。基于此，本书从保护生态环境和经济发展两个方面选取指标。

（三）评价指标的构成

生态补偿是政府相关部门根据各类生态系统的服务价值、生态保护成本及发展机会成本，利用行政或市场手段对保护生态系统所获得效益的奖励或破坏生态系统所造成损失的赔偿。生态补偿绩效评价指标的选择过程中不仅要考虑地方经济的发展水平，还要兼顾环境与资源的利用情况，充分体现生态补偿机制的发展规律和生态补偿制度建设的内在要求。

本书在对生态效率及补偿机制绩效评价分析的基础上，考虑其指标间的相互影响，从经济和生态环境两个方面选取指标评价生态补偿绩效。本书以江西重点生态功能区为研究对象，在指标选取中从可行性、全面性、经济性方面考虑，并借鉴国内外关于生态补偿的相关定义和前人研究成果（张涛、成金华，2017；熊玮等，2018），以重点生态功能区的 26 个县为决策单元，选取 2003—2015 年的数据样本，将投入类指标划分为资源投入（如人均耕地面积和人均森林面积）和资本投入（如各项税收总和及财政一般收入预算），用于反映重点生态功能区生态补偿投入情况；将产出指标划分为经济产出（如人均 GDP、农业增加值、工业增加值、第三产业增加值）和环境产出（如人均工业二氧化硫排放量、人均工业烟尘排放量），用于反映重点生态功能区生态补偿的期望产出和非期望产出情况。具体指标如表 4-1 所示。

表 4-1 江西省重点生态功能区生态补偿绩效评价指标体系

端口	指标类型	指标类别	指标名称	指标代码	指标单位
输入端	投入指标	补偿资本类	各项税收总和	F_1	万元
			财政一般收入预算	F_2	万元
		森林耕地类	人均耕地面积	S_1	公顷/人
			人均森林面积	S_2	公顷/万人
输出端	产出指标	经济发展类（期望产出）	人均 GDP	F_3	元
			农业增加值	F_4	万元
			工业增加值	F_5	万元
			第三产业增加值	F_6	万元

端口	指标类型	指标类别	指标名称	指标代码	指标单位
输出端	产出指标	环境治理类 （非期望产出）	人均工业二氧化硫排放量	E_1	吨／人
			人均工业烟尘排放量	E_2	吨／人

三、绩效评价方法选择

随着绩效评价研究的不断发展，产生了许多定量测算各类绩效的方法，如用于企业财务绩效的 EVA、杜邦分析法、平衡计分卡、层次分析法，用于生态环境绩效评价的方法主要有主成分分析法、模糊聚类分析、模糊综合评价法、数据包络分析法、模糊综合评判法及熵权法等。以上方法都有自己的优缺点，主成分分析法注重分析指标间的相对独立，假若指标间的影响相互作用较大，往往会对结果会造成一定的影响。模糊聚类分析和模糊综合评价法虽然指标间的复杂性和综合性有一定的优势，但对指标的选取及权重的赋值过于主观。

伴随着"效率问题"研究成为热点，有关效率的评价方法也呈现出多样化态势。总体而言，效率评价方法可以分为参数法和非参数法。参数法一般是在提前预设"投入—产出"函数关系的情况下，通过计量方法估计待估参数，从而开展效率研究，现有文献以随机前沿（SFA）方法最为普遍。非参数方法则在搁置"投入—产出"关系"黑箱"的情况下，通过非参方法研究"投入—产出"比值，从而开展效率研究，现有文献以多投入—多产出为特征的数据包络法（DEA）应用最广。本书研究的重点生态功能区生态补偿的效率问题，属于较为典型的多投入—多产出的效率测度问题，尤其是产出端还包含有期望和非期望两类产出。

考虑到数据包络分析法（DEA）不需要考虑投入与产出的关系，也不需要对其指标进行赋值，也无需对选取的指标统一单位，能够有效分析无法价格化或难以确定权重的指标，且因其采用统计学中的自动赋权法而能够有效地减小对环境指标主观赋权的影响，也无需预先估计参数，简化了运算和减少了误差，确保了研究结果的可靠性，这对于多因素尤其是多投入—多产出的生态补偿绩效评价有重要的参考意义。鉴于此，本书采用 DEA 方法科学地测度江西省重点生态功能区的生态补偿绩效水平。

1978 年，著名运筹学家 A. Charnes 和 W. W. Cooper 等提出了评价效率的重要非参数方法——数据包络分析法（DEA）。该方法是一种由数学、运筹学、数理经济学和管理科学等多门学科相互交叉的数据处理分析方法。此外，DEA 方法在实践中得到不断发展和应用，由此产生了不同类型模型，主要包括 CCR、BCC、FG、CCGSS、CCW 等众多模型[①]。DEA 利用统计学的自动赋值原理，避免了一些因对指标权重及赋值的主观影响。其大体流程是将每一个评价对象都视作一个决策单元（Decision Making Unit），通过对 DMU 进行投入—产出分析，以 DMU 投入—产出的权重为变量，确定有效的生产前沿面，通过分析各 DMU 与前沿生产面之间的距离，判定各 DEA 是否具有效率。

（一）DEA 模型的不同形式

DEA 模式的可选择性较大，但目前主流模式主要有 CCR 和 BCC 两种模式，选择哪种模式依据各自模式的选择准则及自身的效率分析目的。在选择模式时要基于分析的目的，即想得到什么、数据类型、投入—产出指标的属性信息和有无先验信息。本书综合考虑指标数据类型、投入—产出指标属性后，选择采用 CCR 和 BCC 模型对生态补偿绩效进行评价研究。CCR 模型也被称作规模不变报酬模型，既可以计算多投入、多产出的效率问题，又可以通过建立线性关系来计算效率值，计算出的效率值被称为

---

① 魏权龄. 评价相对有效性的数据包络分析模型——DEA 和网络 DEA[M]. 北京：中国人民大学出版社，2012：36-37.

综合技术效率（Technical Efficiency）。CCR 模式中，只有效率值为 1 时，DMU 才被认为是有效的决策单元，否则，被认为是相对无效的。BCC 是指报酬可变情况下的一种模型，主要适用于纯技术效率与规模效率和规模报酬之间的关系问题，又被称作可变规模报酬，此模型中，纯技术效率与规模效率的成绩等于综合技术效率。

（二）DEA 模型的介绍

首先假设模型有 n 个决策单元，该决策单元之间具有可比性。每个 DMU 都有 m 种投入和 s 种产出，一般情况下，投入越少越好，产出越多越好。X_{ij} 和 Y_{rj} 分别代表第 j 个决策单元 DMU_j 的第 i 种投入和第 r 种产出，λ_j 为 DMU 的投入和产出的权重，$\sum_{j=1}^{n} X_{ij} \lambda_j$ 和 $\sum_{j=1}^{n} Y_{ij} \lambda_j$ 为加权后的决策单元投入量与产出量之和，模型的最终目标是求出在产出量不变的情况下最小的投入量的线性组合。具体模型如公式（4-1）所示。

$$\min \left[\varphi - \varepsilon \left(\sum_{i=1}^{m} S_i^- + \sum_{i=1}^{s} S_i^+ \right) \right],$$

$$\begin{cases} \sum_{j=1}^{n} x_{ij} \lambda_j + S_i^- = \varphi x_{ij}, & i \in (1, 2, \cdots, m), \\ \\ \sum_{j=1}^{n} y_{ij} \lambda_j - S_r^+ = y_{ij}, & r \in (1, 2, \cdots, s), \\ \\ \varphi, \lambda_j, S_i^-, S_r^+ \geqslant 0, & j = 1, 2, \cdots, n。 \end{cases} \quad (4-1)$$

其中，φ 表示相对效率，通常 $0 \leqslant \varphi \leqslant 1$。$S_i^-$，$S_i^+$ 表示松弛变量，ε 代表非阿基米得无穷小，一般取值为 10^{-6}。

（三）DEA 模型的结果呈现与解释

通过计算，可知 φ 和松弛变量的值，判断标准如下：

（1）若 $\varphi=1$，$S^+ \neq 0$ 和 $S^- \neq 0$，那么我们则称该 DMU 为弱有效，意味着该决策单元用较少的投入也能得到同样多的产出或用同样多的投入可以得到更多的产出，说明生态补偿没有达到最优的分配。

（2）若 $\varphi=1$，$S^+=0$ 和 $S^-=0$，我们称该 DMU 为有效，即在这 n 个决策单元中，投入量与产出量达到最优。该决策单元中生态补偿机制及措施对环境的作用显著，效果理想。

（3）若 $\varphi<1$，则认为该 DMU 是无效的。生态补偿绩效的评价是较低的，相较于其他决策单元，具有很大的上升空间。

（四）本书所采用的 DEA 模型形式选择

鉴于传统 DEA 模型主要是以经济效益为产出指标，而重点生态功能区生态补偿侧重的是经济与生态环境的双重作用与影响，因此，选用基于非期望产出的 SBM 模型度量其绩效值。同时，为有效分析这些绩效值在数值上的变动程度，本书特别引入 Malmquist 指数作动态分析。SBM 模型的相关定义如下列公式（4-2）所示。

$$
\text{(SBM-Undesirable)} \quad
\begin{cases}
\rho^* = \min \dfrac{1 - \dfrac{1}{m}\displaystyle\sum_{i=1}^{m}\dfrac{s_i^-}{x_{i_0}}}{1 + \dfrac{1}{s_1+s_2}\left(\displaystyle\sum_{r=1}^{s_1}\dfrac{s_r^g}{y_{r_0}^g} + \displaystyle\sum_{r=1}^{s_2}\dfrac{s_r^b}{y_{r_0}^b}\right)} \\[2em]
x_0 = X\lambda + s^- \\
y_0^g = Y^g\lambda - s^g \\
y_0^b = Y^b\lambda - s^b \\
s^- \geq 0,\ s^g \geq 0,\ s^b \geq 0,\ \lambda \geq 0
\end{cases}
\tag{4-2}
$$

其中，ρ 为决策单元的效率指标，X、Y^g 和 Y^b 分别表示待评价单元的投入矩阵、期望产出矩阵和非期望产出矩阵。X_0、y^g_0 和 y^b_0 分别表示待评价单元的投入向量、期望产出向量和非期望产出向量。m、S_1 和 S_2 分别为投入、期望与非期望产出的类型。S^-、S^g 和 S^b 分别表示投入、期望产出与非期望产出的松弛变量。$\rho^* \in [0, 1]$，当 $\rho^*=1$ 时，S^-、S^g 和 S^b 都为 0，决策单元有效；当 $\rho^*<1$ 时，决策单元无效，存在效率改进的空间。

Malmquist 指数的相关定义如公式（4-3）所示。

$$M_{v,c}^{t,t+1}\left(x_{v,c}^t, y_{v,c}^t, x_{v,c}^{t+1}, y_{v,c}^{t+1}\right) = \left[\frac{d_v^{t+1}\left(x_v^t, y_v^t\right)}{d_c^t\left(x_c^t, y_c^t\right)} \Big/ \frac{d_v^{t+1}\left(x_v^{t+1}, y_v^{t+1}\right)}{d_c^{t+1}\left(x_c^{t+1}, y_c^{t+1}\right)}\right] \times$$

$$\left[\frac{d_c^t\left(x_c^{t+1}, y_c^{t+1}\right)}{d_c^{t+1}\left(x_c^t, y_c^t\right)} \times \frac{d_c^t\left(x_c^t, y_c^t\right)}{d_c^{t+1}\left(x_c^t, y_c^t\right)}\right]^{1/2} \times \frac{d_i^{t+1}\left(x_i^{t+1}, y_i^{t+1}\right)}{d_i^t\left(x_i^t, y_i^t\right)}$$

$$（4-3）$$

公式（4-3）表示的是：将生态补偿的全要素生产率分解为综合技术效率与技术进步的乘积，并进一步将综合技术效率分解为规模效率和纯技术效率的乘积。

四、数据来源与描述性统计分析

（一）研究对象

本书以江西省获批的国家重点生态功能区为研究对象。继 2010 年江西省的大余县、上犹县、崇义县、安远县、龙南县、定南县、全南县、寻乌县和井冈山市等九县市被列为首批国家重点生态功能区之后，2016 年 9 月，《国务院关于同意新增部分县（市、区、旗）纳入国家重点生态功能区的批复》进一步将江西省的浮梁县、莲花县、芦溪县、修水县、石城县、遂川县、万安县、安福县、永新县、靖安县、铜鼓县、黎川县、南丰县、宜黄县、资溪县、广昌县、婺源县新增纳入国家重点生态功能区。这些重点生态功能区在空间与类型上分为怀玉山脉水源涵养生态功能区、武夷山脉水土保持生态功能区、幕阜山脉水土保持生态功能区、罗霄山脉水源涵养生态功能区和南岭山地森林生物多样性生态功能区等五大片区，各大片区所辖县区具体如表 4-2 所示。这些重点生态功能区的功能定位是：全省乃至全国的生态安全屏障，重要的水源涵养区、水土保持区、生物多样性维护区和生态旅游示范区及人与自然和谐相处的示范区[①]。

表 4-2　江西省国家重点生态功能区分片基本情况

区域	面积/平方公里	占全省比重/%	开发强度/%	范围
怀玉山脉水源涵养生态功能区	9752	5.84	3.84	浮梁县、婺源县
武夷山脉水土保持生态功能区	10009	6.00	2.67	南丰县、黎川县、宜黄县、资溪县、广昌县、石城县
幕阜山脉水土保持生态功能区	11580	6.94	4.80	修水县、靖安县、铜鼓县
罗霄山脉水源涵养生态功能区	13428	8.05	4.00	遂川县、万安县、安福县、永新县、芦溪县、莲花县
南岭山地森林生物多样性生态功能区	14266	8.55	3.22	大余县、上犹县、崇义县、龙南县、全南县、定南县、安远县、寻乌县、井冈山市

资料来源：根据《江西省主体功能区规划》整理所得。

（二）数据来源

本书所有指标数据均来自历年《中国县域统计年鉴》（2004—2016）、《中国城市统计年鉴》（2004—2016）、《中国林业统计年鉴》（2004—2016）、《江西省统计年鉴》（2004—2016）及江西省各地市历年统计年鉴。

---

① 江西省人民政府.江西省主体功能区规划［EB/OL］.［2013-02-17］.http://xxgk.jiangxi.gov.cn/fzgh/fzgh/201302/t20130217_845622.htm.

主要采集了 2010 年和 2016 年列入国家重点生态功能区的 26 个县市：赣州市的大余县、上犹县、崇义县、安远县、龙南县、定南县、全南县、寻乌县、石城县等九县，吉安市的遂川县、万安县、安福县、永新县、井冈山市等五县，抚州市的黎川县、南丰县、宜黄县、资溪县、广昌县等五县，萍乡市的莲花县和泸溪县等两县，宜春市的靖安县和铜鼓县等两县，景德镇的浮梁县，九江的修水县和上饶的婺源县。数据经计算形成 2003—2015 年的江西重点生态功能区的生态补偿绩效投入—产出指标数据集。

限于数据的可获得性，收集的数据主要涵盖了经济、生态等方面的指标，主要有：城镇居民人均可支配收入、农村居民人均可支配收入、各项税收、居民储蓄存款余额、农业增加值、地方财政一般收入预算、人均 GDP、人均耕地面积、第三产业占比、人均森林面积、人均工业二氧化硫排放量、财政赤字占比、林业占比、第二产业占比、人均工业烟尘排放量、工业总产值、第三产业增加值等。需指出的是，人均耕地面积、人均森林面积、人均 GDP 都由各功能区指标总量除以该区域总人口得到，而对于少数某一年份的人均工业二氧化硫、人均工业烟尘排放量搜集不到的功能区，则以公式：（全市工业 SO_2 排放总量 / 全市工业总产值）× 全县工业总产值，计算得到。

（三）描述性统计分析

表 4-3　评价指标体系描述性统计分析

项目	样本量	最大值	最小值	均值	方差	标准差
各项税收总和 / 万元	338	299092	389	37449.02	37735.77	194.2570
财政一般收入预算 / 万元	338	183331	3260	33349.53	29661.04	172.2238
人均耕地面积（公顷 / 人）	338	2.4153	0.0130	0.0906	0.2053	0.4531
人均森林面积（公顷 / 人）	338	12.2375	0.0004	0.6967	1.3542	1.1637
人均 GDP / 元	338	40526.42	680.41	12407.06	8786.46	93.7361

项目	样本量	最大值	最小值	均值	方差	标准差
农业增加值 / 万元	338	439316	6333	46829.50	43674.00	208.9832
工业增加值 / 万元	338	5126955	4203	591961.55	442062.71	664.8780
第三产业增加值 / 万元	338	2544499	13850	136352.06	173554.08	416.5982
人均工业二氧化硫排放量（吨/人）	338	154.94	0.2117	10.9274	13.7285	3.7052
人均工业烟尘排放量（吨/人）	338	173.9571	0.1385	13.5535	22.7203	4.7666

从表 4-3 变量的描述性统计分析中可以得出几个有趣的结论：

（1）江西省 26 个国家重点生态功能区虽然都定位为国家的限制开发区，但却存在很强的异质性。从各指标体系的标准差可以看出，有些指标的标准差非常大，表明样本期间江西省 26 个国家重点生态功能区不仅县区之间横向差异性明显，县域内部时间纵向上的差异也比较明显，这充分体现出江西省 26 个国家重点生态功能区社会经济特征时空上的异质性。

（2）在 DEA 的绩效评价框架内，投入指标和产出指标均存在较大的差异。具体而言，投入指标中的人均耕地面积和人均森林面积差异较小（标准差均小于 2），而各项税收总和与财政一般收入预算两个指标差异非常大（标准差均大于 170）；产出指标中人均工业二氧化硫排放量和人均工业烟尘排放量差异较小（标准差均小于 5），而人均 GDP、农业增加值、工业增加值、第三产业增加值差异较大（标准差均大于 93）。

（3）造成这种现象的原因可能是，国家对重点生态功能区的选择主要更多的是基于生态环境层面的考虑，从而导致重点生态功能区之间的社会经济情况差异性较大。这也从另一个层面说明，国家重点生态功能区的多元化分布和异质性特点具有较强的代表性和科学性。

五、本章主要观点

（1）本章明确了江西重点生态功能区生态补偿绩效评价体系构建的思路是要紧密结合江西重点生态功能区的特殊性和普适性，并进一步突出绩效评价体系的要求是：一是绩效评价指标选择要一致；二是要体现不同指标对评价结果的影响；三是要能体现生态补偿绩效机制的长效性，在指标的选择上不仅要注重影响短期效果的指标，更应该关注长期绩效指标的选择。

（2）评价指标体系的构建包含评价指标的选取和权重的确定。其中，评价指标选取的原则体现在：一是指标的选取一定要与评价对象相关，可控或部分可控；二是指标的选取尽量要规范；三是指标的选取应具有一定的独立性。评价指标的构成指标主要从可行性、全面性、经济性方面考虑，以重点生态功能区特征为基础，将人均耕地面积、人均森林面积、各项税收总和及地方财政一般收入预算作为投入类指标，用于反映重点生态功能区的生态补偿投入情况；将期望产出的人均 GDP、农业增加值、工业增加值、第三产业增加值和非期望产出的人均工业二氧化硫排放量、人均工业烟尘排放量作为产出类指标，分别用于反映重点生态功能区的经济发展状况和环境治理状况。

（3）在比较各类评价方法优劣的基础上，结合 DEA 评价方法的具体模型设定，最终选择 CCR 和 BCC 模型作为江西重点生态功能区生态补偿静态绩效评价的具体模型，将 SBM-DEA 模型作为江西重点生态功能区生态补偿动态绩效评价的具体模型。

（4）在明确研究对象和数据来源的基础上，对数据进行了描述性统计分析，得出了以下研究结论：一是江西省 26 个国家重点生态功能区虽然都是定位为国家的限制开发区，却存在很强的异质性；在 DEA 的绩效评价框架内，投入指标和产出指标均存在较大的差异。二是造成这种现象的原因可能是，国家对重点生态功能区的选择更多的是基于生态环境层面的考虑，从而导致重点生态功能区之间的社会经济情况差异性较大。

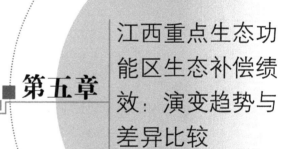

第五章　江西重点生态功能区生态补偿绩效：演变趋势与差异比较

一、江西重点生态功能区生态补偿绩效的静态分析：CCR 和 BCC 模型

运用 deap 2.1 程序，对江西重点生态功能区的 26 个县区 2003—2015 年间的生态补偿绩效进行测算，并基于 DEA 的 CCR 和 BCC 模型得出各县区的综合技术效率、纯技术效率、规模水平和各县区生态生产效率规模的增减情况。具体计算数据如表 5–1 所示。

表 5–1　基于 CCR 和 BCC 模型的江西重点生态功能区生态补偿效率评价结果

	2003 年					2004 年			
县区	技术效率	纯技术效率	规模效率	规模状态	县区	技术效率	纯技术效率	规模效率	规模状态
浮梁县	0.812	1.000	0.812	drs	浮梁县	1.000	1.000	1.000	—
莲花县	1.000	1.000	1.000	—	莲花县	1.000	1.000	1.000	—
泸溪县	1.000	1.000	1.000	—	泸溪县	1.000	1.000	1.000	—
修水县	0.797	0.963	0.827	irs	修水县	0.800	0.992	0.807	irs
大余县	0.500	0.510	0.981	irs	大余县	0.693	0.721	0.961	drs
上犹县	1.000	1.000	1.000	—	上犹县	1.000	1.000	1.000	—
崇义县	1.000	1.000	1.000	—	崇义县	1.000	1.000	1.000	—
安远县	1.000	1.000	1.000	—	安远县	1.000	1.000	1.000	—
龙南县	0.445	0.603	0.738	irs	龙南县	0.771	0.774	0.996	drs
定南县	0.442	0.867	0.510	irs	定南县	0.494	0.729	0.678	irs
全南县	0.851	0.854	0.996	irs	全南县	1.000	1.000	1.000	—
寻乌县	0.977	1.000	0.977	irs	寻乌县	1.000	1.000	1.000	—
石城县	0.866	1.000	0.866	irs	石城县	1.000	1.000	1.000	—
遂川县	0.981	0.993	0.988	irs	遂川县	0.993	1.000	0.993	irs
万安县	1.000	1.000	1.000	—	万安县	1.000	1.000	1.000	—

	2003 年					2004 年			
县区	技术效率	纯技术效率	规模效率	规模状态	县区	技术效率	纯技术效率	规模效率	规模状态
安福县	0.862	1.000	0.862	drs	安福县	0.836	1.000	0.836	drs
永新县	0.946	1.000	0.946	irs	永新县	0.876	0.972	0.902	irs
井冈山市	1.000	1.000	1.000	—	井冈山市	1.000	1.000	1.000	—
靖安县	1.000	1.000	1.000	—	靖安县	1.000	1.000	1.000	—
铜鼓县	1.000	1.000	1.000	—	铜鼓县	1.000	1.000	1.000	—
黎川县	0.966	0.967	0.999	irs	黎川县	1.000	1.000	1.000	—
南丰县	0.808	0.808	1.000	—	南丰县	0.836	0.868	0.963	drs
宜黄县	1.000	1.000	1.000	—	宜黄县	1.000	1.000	1.000	—
资溪县	1.000	1.000	1.000	—	资溪县	1.000	1.000	1.000	—
广昌县	1.000	1.000	1.000	—	广昌县	1.000	1.000	1.000	—
婺源县	0.849	0.850	1.000	—	婺源县	0.719	0.723	0.994	drs
	2005 年					2006 年			
县区	技术效率	纯技术效率	规模效率	规模状态	县区	技术效率	纯技术效率	规模效率	规模状态
浮梁县	1.000	1.000	1.000	—	浮梁县	0.856	0.866	0.988	drs
莲花县	1.000	1.000	1.000	—	莲花县	1.000	1.000	1.000	—
泸溪县	0.523	0.603	0.868	irs	泸溪县	0.885	1.000	0.885	drs
修水县	1.000	1.000	1.000	—	修水县	0.844	1.000	0.844	irs
大余县	0.689	0.745	0.925	irs	大余县	0.994	1.000	0.994	drs
上犹县	1.000	1.000	1.000	—	上犹县	1.000	1.000	1.000	—
崇义县	1.000	1.000	1.000	—	崇义县	1.000	1.000	1.000	—
安远县	1.000	1.000	1.000	—	安远县	1.000	1.000	1.000	—
龙南县	0.676	0.769	0.879	irs	龙南县	0.567	0.588	0.964	irs
定南县	0.766	0.836	0.916	irs	定南县	0.649	0.827	0.784	irs
全南县	1.000	1.000	1.000	—	全南县	1.000	1.000	1.000	—
寻乌县	1.000	1.000	1.000	—	寻乌县	1.000	1.000	1.000	—

续表

2005 年				2006 年			
县区	技术效率	纯技术效率	规模效率	规模状态	县区	技术效率	纯技术效率	规模效率	规模状态

县区	技术效率	纯技术效率	规模效率	规模状态	县区	技术效率	纯技术效率	规模效率	规模状态
石城县	1.000	1.000	1.000	—	石城县	1.000	1.000	1.000	—
遂川县	0.902	0.984	0.917	irs	遂川县	0.795	1.000	0.795	irs
万安县	1.000	1.000	1.000	—	万安县	1.000	1.000	1.000	—
安福县	1.000	1.000	1.000	—	安福县	0.967	1.000	0.967	drs
永新县	0.911	1.000	0.911	irs	永新县	0.950	1.000	0.950	irs
井冈山市	1.000	1.000	1.000	—	井冈山市	1.000	1.000	1.000	—
靖安县	1.000	1.000	1.000	—	靖安县	1.000	1.000	1.000	—
铜鼓县	1.000	1.000	1.000	—	铜鼓县	1.000	1.000	1.000	—
黎川县	1.000	1.000	1.000	—	黎川县	1.000	1.000	1.000	—
南丰县	0.798	0.901	0.885	drs	南丰县	0.751	0.761	0.986	drs
宜黄县	1.000	1.000	1.000	—	宜黄县	1.000	1.000	1.000	—
资溪县	1.000	1.000	1.000	—	资溪县	1.000	1.000	1.000	—
广昌县	1.000	1.000	1.000	—	广昌县	1.000	1.000	1.000	—
婺源县	1.000	1.000	1.000	—	婺源县	0.700	0.717	0.976	irs

2007 年				2008 年			
县区	技术效率	纯技术效率	规模效率	规模状态	县区	技术效率	纯技术效率	规模效率	规模状态

县区	技术效率	纯技术效率	规模效率	规模状态	县区	技术效率	纯技术效率	规模效率	规模状态
浮梁县	0.867	0.881	0.985	irs	浮梁县	1.000	1.000	1.000	—
莲花县	0.728	1.000	0.728	irs	莲花县	0.915	1.000	0.915	irs
泸溪县	0.350	0.543	0.644	irs	泸溪县	0.811	0.814	0.997	irs
修水县	0.819	1.000	0.819	irs	修水县	0.905	0.996	0.909	irs
大余县	0.411	0.638	0.644	irs	大余县	0.615	0.696	0.884	irs
上犹县	0.629	1.000	0.629	irs	上犹县	0.826	1.000	0.826	irs
崇义县	0.841	0.916	0.918	irs	崇义县	1.000	1.000	1.000	—
安远县	0.812	1.000	0.812	irs	安远县	1.000	1.000	1.000	—
龙南县	0.427	0.625	0.683	irs	龙南县	0.827	0.853	0.969	irs

	2007 年					2008 年			
县区	技术效率	纯技术效率	规模效率	规模状态	县区	技术效率	纯技术效率	规模效率	规模状态
定南县	0.608	0.778	0.782	irs	定南县	0.757	0.892	0.849	irs
全南县	0.789	0.857	0.922	irs	全南县	0.987	1.000	0.987	irs
寻乌县	0.918	1.000	0.918	irs	寻乌县	0.906	1.000	0.906	irs
石城县	1.000	1.000	1.000	—	石城县	1.000	1.000	1.000	—
遂川县	0.676	0.935	0.724	irs	遂川县	0.868	0.993	0.875	irs
万安县	1.000	1.000	1.000	—	万安县	1.000	1.000	1.000	—
安福县	0.646	0.684	0.944	irs	安福县	0.849	1.000	0.849	drs
永新县	0.684	1.000	0.684	irs	永新县	0.916	1.000	0.916	irs
井冈山市	1.000	1.000	1.000	—	井冈山市	1.000	1.000	1.000	—
靖安县	1.000	1.000	1.000	—	靖安县	1.000	1.000	1.000	—
铜鼓县	1.000	1.000	1.000	—	铜鼓县	1.000	1.000	1.000	—
黎川县	0.718	0.887	0.809	irs	黎川县	1.000	1.000	1.000	—
南丰县	0.512	0.600	0.853	irs	南丰县	0.643	0.650	0.989	irs
宜黄县	1.000	1.000	1.000	—	宜黄县	1.000	1.000	1.000	—
资溪县	1.000	1.000	1.000	—	资溪县	1.000	1.000	1.000	—
广昌县	1.000	1.000	1.000	—	广昌县	1.000	1.000	1.000	—
婺源县	0.601	0.640	0.940	irs	婺源县	0.695	0.736	0.945	irs
	2009 年					2010 年			
县区	技术效率	纯技术效率	规模效率	规模状态	县区	技术效率	纯技术效率	规模效率	规模状态
浮梁县	1.000	1.000	1.000	—	浮梁县	0.540	0.571	0.945	irs
莲花县	1.000	1.000	1.000	—	莲花县	0.730	0.899	0.812	irs
泸溪县	1.000	1.000	1.000	—	泸溪县	0.389	0.482	0.807	irs
修水县	1.000	1.000	1.000	—	修水县	0.906	1.000	0.906	irs
大余县	0.459	0.598	0.767	irs	大余县	0.606	0.679	0.892	irs
上犹县	0.670	0.976	0.686	irs	上犹县	0.734	1.000	0.734	irs

续表

2009 年					2010 年				
县区	技术效率	纯技术效率	规模效率	规模状态	县区	技术效率	纯技术效率	规模效率	规模状态
崇义县	1.000	1.000	1.000	—	崇义县	1.000	1.000	1.000	—
安远县	0.635	0.952	0.667	irs	安远县	0.858	1.000	0.858	irs
龙南县	0.829	0.840	0.987	irs	龙南县	0.566	0.767	0.739	irs
定南县	0.637	0.822	0.775	irs	定南县	0.842	0.893	0.943	irs
全南县	0.736	0.907	0.811	irs	全南县	1.000	1.000	1.000	—
寻乌县	0.909	0.986	0.921	irs	寻乌县	0.932	1.000	0.932	irs
石城县	1.000	1.000	1.000	—	石城县	1.000	1.000	1.000	—
遂川县	0.883	1.000	0.883	Irs	遂川县	0.947	1.000	0.947	irs
万安县	1.000	1.000	1.000	—	万安县	1.000	1.000	1.000	—
安福县	0.652	0.658	0.992	irs	安福县	0.632	0.632	0.999	drs
永新县	0.819	1.000	0.819	irs	永新县	1.000	1.000	1.000	—
井冈山市	0.989	1.000	0.989	irs	井冈山市	0.958	1.000	0.958	irs
靖安县	1.000	1.000	1.000	—	靖安县	1.000	1.000	1.000	—
铜鼓县	1.000	1.000	1.000	—	铜鼓县	1.000	1.000	1.000	—
黎川县	1.000	1.000	1.000	—	黎川县	0.933	1.000	0.933	drs
南丰县	0.634	0.650	0.976	irs	南丰县	0.707	0.754	0.937	drs
宜黄县	1.000	1.000	1.000	—	宜黄县	1.000	1.000	1.000	—
资溪县	1.000	1.000	1.000	—	资溪县	1.000	1.000	1.000	—
广昌县	1.000	1.000	1.000	—	广昌县	1.000	1.000	1.000	—
婺源县	0.801	0.893	0.896	Drs	婺源县	0.946	0.950	0.996	irs
2011 年					2012 年				
县区	技术效率	纯技术效率	规模效率	规模状态	县区	技术效率	纯技术效率	规模效率	规模状态
浮梁县	0.726	0.729	0.996	Drs	浮梁县	0.799	0.807	0.991	irs
莲花县	1.000	1.000	1.000	—	莲花县	1.000	1.000	1.000	—
泸溪县	1.000	1.000	1.000	—	泸溪县	1.000	1.000	1.000	—

续表

2011 年					2012 年				
县区	技术效率	纯技术效率	规模效率	规模状态	县区	技术效率	纯技术效率	规模效率	规模状态
修水县	0.605	0.918	0.658	irs	修水县	1.000	1.000	1.000	—
大余县	0.683	0.753	0.907	irs	大余县	0.665	0.767	0.867	irs
上犹县	1.000	1.000	1.000	—	上犹县	0.697	1.000	0.697	irs
崇义县	1.000	1.000	1.000	—	崇义县	1.000	1.000	1.000	—
安远县	1.000	1.000	1.000	—	安远县	0.875	1.000	0.875	irs
龙南县	1.000	1.000	1.000	—	龙南县	0.593	0.766	0.775	irs
定南县	0.900	0.925	0.973	irs	定南县	0.652	0.883	0.739	irs
全南县	1.000	1.000	1.000	—	全南县	0.955	1.000	0.955	irs
寻乌县	0.801	1.000	0.801	irs	寻乌县	0.904	1.000	0.904	irs
石城县	1.000	1.000	1.000	—	石城县	1.000	1.000	1.000	—
遂川县	0.594	0.672	0.883	irs	遂川县	0.974	0.980	0.994	drs
万安县	0.633	0.769	0.823	irs	万安县	1.000	1.000	1.000	—
安福县	0.586	0.599	0.978	irs	安福县	1.000	1.000	1.000	—
永新县	0.553	0.802	0.689	irs	永新县	0.964	1.000	0.964	irs
井冈山市	0.726	0.771	0.942	irs	井冈山市	1.000	1.000	1.000	—
靖安县	1.000	1.000	1.000	—	靖安县	1.000	1.000	1.000	—
铜鼓县	1.000	1.000	1.000	—	铜鼓县	1.000	1.000	1.000	—
黎川县	0.903	0.935	0.966	irs	黎川县	0.899	0.931	0.966	irs
南丰县	0.602	0.658	0.915	irs	南丰县	0.749	0.759	0.987	drs
宜黄县	1.000	1.000	1.000	—	宜黄县	1.000	1.000	1.000	—
资溪县	1.000	1.000	1.000	—	资溪县	1.000	1.000	1.000	—
广昌县	1.000	1.000	1.000	—	广昌县	1.000	1.000	1.000	—
婺源县	0.621	0.691	0.898	irs	婺源县	0.867	0.885	0.980	drs

续表

	2013 年					2014 年			
县区	技术效率	纯技术效率	规模效率	规模状态	县区	技术效率	纯技术效率	规模效率	规模状态
浮梁县	0.461	0.560	0.822	irs	浮梁县	0.649	0.780	0.506	irs
莲花县	0.296	0.822	0.360	irs	莲花县	1.000	1.000	1.000	—
泸溪县	0.266	0.464	0.573	irs	泸溪县	1.000	1.000	1.000	—
修水县	0.310	0.855	0.363	irs	修水县	0.281	0.869	0.324	irs
大余县	0.636	0.770	0.827	irs	大余县	0.661	0.850	0.778	irs
上犹县	0.795	1.000	0.795	irs	上犹县	0.766	1.000	0.766	irs
崇义县	1.000	1.000	1.000	—	崇义县	1.000	1.000	1.000	—
安远县	0.569	1.000	0.569	Irs	安远县	0.600	0.999	0.601	irs
龙南县	1.000	1.000	1.000	—	龙南县	1.000	1.000	1.000	—
定南县	0.892	0.907	0.983	Irs	定南县	0.896	0.909	0.985	irs
全南县	1.000	1.000	1.000	—	全南县	1.000	1.000	1.000	—
寻乌县	0.570	1.000	0.570	irs	寻乌县	0.541	1.000	0.541	irs
石城县	0.637	1.000	0.637	irs	石城县	0.646	1.000	0.646	irs
遂川县	0.601	0.870	0.690	irs	遂川县	0.852	1.000	0.852	irs
万安县	0.289	0.855	0.338	irs	万安县	0.670	1.000	0.670	irs
安福县	0.251	0.517	0.486	irs	安福县	0.618	0.718	0.861	irs
永新县	0.377	0.862	0.437	irs	永新县	0.634	0.969	0.654	irs
井冈山市	0.473	0.871	0.543	irs	井冈山市	0.621	0.926	0.671	irs
靖安县	1.000	1.000	1.000	—	靖安县	1.000	1.000	1.000	—
铜鼓县	1.000	1.000	1.000	—	铜鼓县	1.000	1.000	1.000	—
黎川县	0.882	0.926	0.953	irs	黎川县	0.899	0.929	0.969	irs
南丰县	0.734	0.735	0.998	irs	南丰县	0.721	0.743	0.971	irs
宜黄县	1.000	1.000	1.000	—	宜黄县	1.000	1.000	1.000	—
资溪县	1.000	1.000	1.000	—	资溪县	1.000	1.000	1.000	—
广昌县	1.000	1.000	1.000	—	广昌县	1.000	1.000	1.000	—
婺源县	0.408	0.685	0.596	irs	婺源县	0.347	0.659	0.526	irs

续表

	2015 年								
县区	技术效率	纯技术效率	规模效率	规模状态	县区	技术效率	纯技术效率	规模效率	规模状态
浮梁县	1.000	1.000	1.000	—	遂川县	0.835	0.975	0.856	irs
莲花县	0.597	0.938	0.636	irs	万安县	1.000	1.000	1.000	—
泸溪县	0.358	0.559	0.641	irs	安福县	0.824	0.847	0.973	drs
修水县	1.000	1.000	1.000	—	永新县	1.000	1.000	1.000	—
大余县	0.560	0.828	0.676	irs	井冈山市	0.641	1.000	0.641	irs
上犹县	0.736	1.000	0.736	irs	靖安县	1.000	1.000	1.000	—
崇义县	1.000	1.000	1.000	—	铜鼓县	1.000	1.000	1.000	—
安远县	0.772	1.000	0.772	irs	黎川县	0.627	0.775	0.808	irs
龙南县	1.000	1.000	1.000	—	南丰县	1.000	1.000	1.000	—
定南县	0.527	1.000	0.527	irs	宜黄县	1.000	1.000	1.000	—
全南县	0.950	1.000	0.950	irs	资溪县	1.000	1.000	1.000	—
寻乌县	0.418	1.000	0.418	irs	广昌县	1.000	1.000	1.000	—
石城县	0.893	1.000	0.893	irs	婺源县	0.376	0.753	0.499	irs

注：irs 表示递增；drs 表示递减；—表示不变。

从表 5-1 中可以清晰地观察出江西重点生态功能区的 26 县域在 2003—2015 年的生态补偿效率水平。2003—2015 年，靖安、铜鼓、宜黄、资溪、广昌五县的综合生态补偿效率为 1，技术效率、纯技术效率和规模效率均达到最优，且规模报酬处于稳定状态，生态补偿效率都在最优生产前沿面上。上述五县分别隶属于宜春和抚州地区，之所以它们生态补偿效率达到最优，主要是地方政府对环境保护意识较高，且该地区工业欠发达，地形以山区为主，森林覆盖率较高，适合发展生态产业。除以上五县外，其他各县在这 13 年间生态补偿效率也有达到最优的，如上犹、崇义、安远、万安、井冈山在 2003—2006 年综合生态效率值均为 1。龙南、定南两县在 13 年间的综合生态补偿效率在 2011 年达到最大的效率值，其中，龙南在 2011 年达到最优效率水平，寻乌在 2012 年之前效率值相差不大，但是在 2013 年有明显下降，这主要是早在 2001 年 5 月，国家林业局编制了《珠江流域防护林体系》二期工程建设规划，寻乌县被列入此规划。近年来，寻乌对重点生态功能区进行开发保护，取得了一定的效果，但在 2013 年，寻乌工业排放二氧化硫与烟尘增速均均在 7 倍以上，这说明当地在该年对于煤及燃料作物的控制没有达到理想的效果，致使二氧化硫与烟尘含量严重超标。总体而言，江西省重点功能区近几年的生态补偿效率均值在 0.8~0.9，生态补偿效率为 1 或在 0.9 以上（不含 1）和 0.9 以下的样本约占总体样本的 19%、65% 和 16%，因此，该地区整体未实现 DEA 有效。

二、江西重点生态功能区生态补偿绩效的动态分析：SBM-DEA 模型

通过运用数据包络分析 DEA-SOLVER Pro 5.0 软件，将整理形成的 2003—2015 年江西省国家级重点生态功能区相关指标数据导入求解后，得到这 26 个重点生态功能区生态补偿绩效的计算结果，具体如表 5-2 所示。具体分析如下：

（1）从各县生态补偿绩效的平均值来看：整体上，江西省国家重点生态功能区县生态补偿绩效并未达到理想状态，而且在样本期间相对稳定。趋势上，江西省国家重点生态功能区县生态补偿绩效呈现出明显的波动态势，但除少数年份外（2008 年为 0.590 和 2011 年为 0.529），并没有表现出明显的改善或恶化态势（绩效水平维持在 0.747~0.898）。由此表明，江西省国家重点生态功能区各县生态补偿绩效的整体水平还存在一定的改进空间。

表 5-2　江西省国家重点生态功能区各县（市）生态补偿绩效测算表

县（市）	2003	2004	2005	2006	2007	2008	2009	2010	2011	2012	2013	2014	2015
浮梁县	1.000	1.000	0.751	0.655	1.000	1.000	1.000	1.000	0.204	0.608	0.745	1.000	1.000
莲花县	1.000	1.000	0.751	0.847	1.000	0.387	1.000	1.000	0.415	0.685	0.669	0.653	0.586
芦溪县	1.000	1.000	1.000	1.000	1.000	1.000	1.000	1.000	1.000	1.000	1.000	1.000	1.000
修水县	1.000	1.000	1.000	1.000	1.000	0.417	1.000	1.000	0.296	0.451	0.457	1.000	0.437
大余县	1.000	1.000	1.000	1.000	1.000	0.474	1.000	1.000	0.625	1.000	1.000	1.000	1.000
上犹县	0.639	0.703	0.730	1.000	1.000	0.382	0.736	0.892	0.472	0.671	0.743	0.584	0.506
崇义县	1.000	1.000	1.000	1.000	1.000	0.232	1.000	1.000	1.000	1.000	1.000	1.000	1.000
安远县	1.000	0.685	1.000	1.000	1.000	1.000	1.000	0.781	0.886	1.000	1.000	1.000	1.000
龙南县	1.000	1.000	1.000	1.000	1.000	1.000	1.000	1.000	1.000	1.000	1.000	1.000	1.000
定南县	1.000	1.000	0.791	1.000	0.641	0.239	0.451	1.000	0.649	0.912	0.628	0.504	0.476
全南县	1.000	1.000	1.000	1.000	0.735	0.331	0.632	1.000	1.000	1.000	1.000	1.000	1.000
寻乌县	1.000	1.000	1.000	1.000	1.000	1.000	1.000	0.801	1.000	0.878	1.000	1.000	1.000
石城县	0.640	0.404	0.353	0.250	0.382	0.274	0.315	0.459	0.411	0.359	0.525	0.492	0.644
遂川县	0.658	0.729	1.000	1.000	1.000	0.453	0.892	1.000	0.295	0.537	0.590	1.000	0.635
万安县	0.383	0.482	0.491	0.511	0.461	0.260	0.537	0.746	0.247	0.537	0.590	1.000	0.558
安福县	1.000	1.000	0.751	0.795	0.710	0.320	0.738	1.000	0.236	0.495	0.684	1.000	1.000
永新县	1.000	1.000	1.000	1.000	1.000	0.463	1.000	1.000	0.376	1.000	1.000	1.000	1.000
井冈山市	1.000	0.550	0.515	0.561	1.000	1.000	1.000	1.000	1.000	1.000	1.000	1.000	1.000
靖安县	1.000	1.000	1.000	1.000	1.000	1.000	1.000	1.000	0.301	1.000	1.000	0.619	0.525
铜鼓县	1.000	1.000	1.000	1.000	0.771	1.000	0.566	1.000	0.261	0.692	1.000	0.587	0.549
黎川县	1.000	1.000	0.543	0.575	0.588	0.264	0.470	0.745	0.179	0.539	0.248	0.391	0.425
南丰县	1.000	0.721	1.000	1.000	1.000	1.000	1.000	1.000	1.000	1.000	1.000	1.000	1.000
宜黄县	1.000	0.643	1.000	0.652	0.521	0.250	0.381	0.671	0.152	0.513	0.268	0.465	0.462
资溪县	0.468	1.000	0.535	1.000	0.513	1.000	0.348	0.612	0.153	0.448	0.225	0.378	0.408
广昌县	1.000	0.557	0.498	0.363	0.443	0.217	0.343	0.612	0.216	1.000	0.338	1.000	0.534
婺源县	0.549	0.490	0.260	0.644	1.000	0.380	1.000	1.000	0.383	1.000	0.341	1.000	0.674
平均值	0.898	0.845	0.806	0.840	0.837	0.590	0.785	0.897	0.529	0.800	0.749	0.834	0.747

（2）从各县生态补偿绩效的单个值来看：本书将各县"样本期间绩效水平低于 1 的年份 ≤ 2"定义为"优秀"，将"样本期间绩效水平低于 1 的年份介于 3~6 之间"定义为"良好"，将"样本期间绩效水平低于 1 的年份介于 7~10 之间"定义为"中等"，将"样本期间绩效水平低于 1 的年份 ≥ 11"定义为"差"。通过表 5-2 可知，江西省国家重点生态功能区各县生态补偿绩效呈现出非常明显的分化特征。具体而言，样本期间整体表现"优秀"的有芦溪县、龙南县、崇义县、寻乌县、南丰县、大余县和永新县等七县，其中，芦溪县和龙南县表现"全优"；浮梁县、修水县、安远县、全南县、遂川县、井冈山市、靖安县和铜鼓县等八县表现"良好"；莲花县、定南县、安福县、资溪县、广昌县和婺源县等六县表现"中等"；上犹县、石城县、万安县、黎川县和宜黄县等五县表现为"差"。综合来看，芦溪县和龙南县历年的生态补偿绩效都达到最优，年均绩效值为 1，而石城县的生态补偿绩效整体水平表现最不佳，年均绩效值仅为 0.424，与补偿绩效水平最优的县区相差甚远。

（3）造成以上结果的原因可能是：尽管各县的生态补偿力度和规模都在逐步加大，但实际的实施方法和途径可能存在一定的缺陷，加之地区的经济发展水平与质量及自然生态环境保护的效果都会因多种因素影响而不断变动，也可能与每个县区的实际经济发展水平和环境保护状况之间的差异有关。

三、不同地区江西重点生态功能区生态补偿绩效的差异比较

本书对 26 个县区进行 DEA 绩效评价，但样本差异性较大，时间区间较长，特对其进行区域性分析。赣北指南昌、九江地区，赣东北指景德镇、上饶、鹰潭地区，赣东指抚州地区，赣西指新余、萍乡、宜春、

吉安地区，赣南指赣州地区。在 26 个 DMU 中属于赣北地区的有 1 个，赣东北地区的有 2 个，赣东地区的有 5 个，赣西地区的有 9 个，赣南地区的有 9 个。本书依据江西各地区的自然资源分布情况、经济发展水平和生态自然资源禀性，将赣东北、赣北和赣东进行比较，将赣西与赣南地区进行比较。

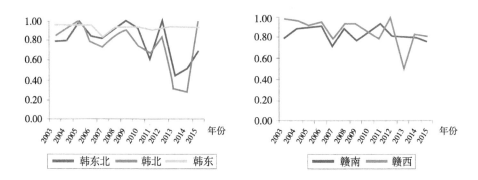

图 5-1　江西省重点生态功能区生态补偿绩效评价的地区比较

从图 5-1 中我们可以看出，赣东北、赣北区域在 2003—2015 年的变化趋势是大体一致且基本位于有效生态效率水平之下，在这期间两地区都基本经历了生态补偿效率的先增长、后降低，而后经历了"增长—降低"的波荡起伏阶段，综合生态补偿效率多集中在 0.8~0.9 这一水平。赣东地区的生态水平则呈现出平稳的趋势，起伏不大，且效率多集中在最佳效率水平。赣西与赣南的变化趋势在 2011 年之前也基本相同，在 2011 年后，呈现出相反的变化趋势，赣西在 2011 年之后生态补偿效率逐渐降低，而赣南的生态补偿效率则在 2013 年出现大幅下降，之后虽有反弹但后劲不足。

除赣东地区外，图 5-1 中 5 个地区的生态补偿效率在 2003—2015 年的变化趋势基本是一致的，即在 2011 年相对稳定，2012—2013 年出现大幅变化，随后又出现一波反弹趋势。之所以会造成这种趋势，原因是：一方面是，自 2005 年党的十六届五中全会首次提出加快建设生态补偿机制以来，各地区各部门密切协作，共同推进生态补偿机制建设。党的十八大以来，生态文明建设力度空前，对 GDP 的考核从量的重视转变为对质的看重，使得一些地方政府开始注重生态文明建设，对生态产业、绿色发展的投入力度加大、成效突出。另一方面，在 2013 年国务院关于生态补偿机制建设工作情况的报告中提到，今后要初步形成生态补偿制度框架，加大中央对生态补偿的转移支付力度，积极探索更加综合性的生态补偿途径与方式，加强监管与监督考核。这从制度层面为我国的生态补偿机制提出了顶层设计。

四、不同类型江西重点生态功能区生态补偿绩效的差异比较

为了更加清晰地对比全省不同类型重点生态功能区生态补偿绩效的空间分布差异，本书根据不同类型国家重点生态功能区所辖县区，计算得到其历年生态补偿绩效平均值，并制作出相应的差异变化趋势图。从图 5-2 中可发现：

（1）从绩效相互比较来看，五种不同类型重点生态功能区的生态补偿绩效均呈现出明显的震荡态势。具体而言，2003—2006 年，除武夷山脉水土保持生态功能区和南岭山地森林生物多样性生态功能区外，其他类型重点生态功能区的生态补偿绩效相对稳定，其中幕阜山脉水土保持生态功能区在 2003—2006 连续四年保持在全省最优水平；2006—2015 年，五种类型重点生态功能区的生态补偿绩效均表现出明显的震荡态势，其中，怀玉山脉水源涵养生态功能区和罗霄山脉水源涵养生态功能区整体的生态补偿绩效变动幅度最大。

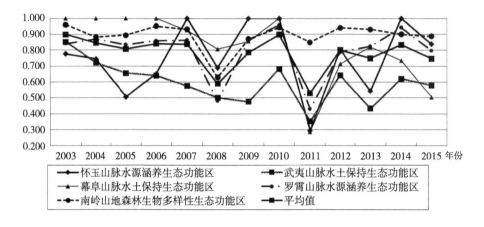

图 5-2　江西省五种类型重点生态功能区生态补偿绩效趋势

（2）从与平均绩效比较来看，五种不同类型重点生态功能区的生态补偿绩效也呈现出明显的分层特征，其中，南岭山地森林生物多样性生态功能区生态补偿绩效在样本期间一直高于平均绩效水平，而武夷山脉水土保持生态功能区生态补偿绩效在样本期间则从未达到平均绩效水平，其他三种类型重点生态功能区的生态补偿绩效则围绕平均绩效水平上下波动。主要原因在于，不同类型重点生态功能区的经济社会发展、资源环境承载力和生态补偿力度均在不同时期存在较大差异。整体而言，江西国家级重点生态功能区生态补偿绩效的时空差异均比较明显。

五、江西重点生态功能区生态补偿绩效差异的原因解析

从图 5-1 中可以看出，赣东的整体效率要大于赣东北与赣北，这主要在于，身处赣东的抚州地区经济发展水平相对慢于其他两地区，辖区内矿产自然开采量较低，从而对生态环境的破坏较小。为了将资源劣势转变为生态优势，政府历年来均注重生态环境的保护开发，大力发展生态产业，

对一些重点开发生态保护区的生态补偿体制机制建设齐全，进而生态补偿效率水平较高。

赣北的生态补偿效率水平整体上高于赣东北，本章所选取的赣北区域的重点保护区只有修水县一个县域区域，而赣东北则涵盖了两个市的两个县域区域。近年来，修水县大力实施绿色崛起战略，坚定不移地走经济与生态可持续的发展道路。从源头上治理乱砍乱伐，规范边界木材市场，从根源上通过生态补偿方式引导和鼓励人们对生态林的建设与培育，并取得了较好的效果。赣东北区域中主要是婺源生态补偿效率较低。婺源县是全国著名的生态旅游强县，境内生态完整、民风淳朴，但随着旅游产业的发展，也产生了一系列的生态问题。一是旅游业过度开发，产品同质化严重。据不完全统计，近年来，婺源地区的农家乐增长呈井喷态势，在过度消费着生态环境。二是参与者生态环境意识较低。近年来，景区人流量较大，造成景区环境，水资源污染严重。

2011 年之前，赣西的生态补偿效率水平高于赣南地区，但 2011 年之后其效率水平呈起伏态势，造成这一情况的原因主要在于，赣南是众所周知的稀土之乡，辖区内的钨、锡、铋、稀土、钽等矿产储量极为丰富且分布相对集中。在 2011 年之前，尤其是在 2009 年前后，中国的矿产开采量及矿石的使用量呈快速增长趋势，为了满足经济发展的需要，该地区加大了对自然资源的开发力度。以稀土为例，2012 年赣州市全年稀土行业带来的营业利润就达到 60 亿元左右，在发展经济的同时，辖区内的山体滑坡、水土流失严重，森林覆盖率下降，水污染等生态问题较为突出，政府对生态资源的保护重视程度不够，并缺乏相应的环保资金投入，致使该地区生态补偿效率较低。而以新余、宜春为主的赣西地区，充分考虑自身地理优势，不断优化产业结构，大力发展高新技术产业、新能源和生态旅游产业，从而会更好地实现新旧动能之间的转化，更有利于保护生态环境。

六、本章主要观点

江西重点生态功能区生态补偿绩效的静态分析结果显示：第一，江西省重点生态功能区的生态补偿效率整体处于 0.7~1，这表明江西省的生态补偿效率整体还算不错，说明江西省对保护生态环境的意识普遍较高，有利于加快建设全省生态强省的步伐。第二，众所周知，在 2012 之后，我国经济发生重大结构性转型，GDP 也由之前的粗放式高速增长模式转为集约型新常态发展格局，而本章研究结果表明，在 2012 年之前生态补偿效率较之后要高，这说明生态补偿效率的提高离不开经济的发展，单纯依靠中央及地方政府的财政资金进行补贴是不行的，应该积极探索多种模式的生态补偿渠道。第三，本章研究的赣东五县有三县生态补偿效率达到最佳水平，且其总体生态补偿效率明显高于其他四个地区，赣西地区综合效率排在第二位。这说明赣东地区生态资源禀性较好，在发展经济的同时坚持生态环境的可持续。赣西地区中的新余和宜春通过产业调整、优化产业机构、大力发展高新技术产业，在近年来取得了一定的成效，尤其是新余先后获批成立新余市国家高新技术开发区和孔目江生态经济区，成为我国第一个新能源科技示范城和全国生态节能示范城。

江西重点生态功能区生态补偿绩效的动态分析结果表明：第一，从各县生态补偿绩效的平均值看，整体上，江西省国家重点生态功能区县生态补偿绩效并未达到理想状态，而且在样本期间相对稳定。第二，江西省国家重点生态功能区各县生态补偿绩效呈现出非常明显的分化特征。具体而言，样本期间整体表现"优秀"的有芦溪县、龙南县、崇义县、寻乌县、南丰县、大余县和永新县等七县，其中，芦溪县和龙南县表现"全优"；浮梁县、修水县、安远县、全南县、遂川县、井冈山市、靖安县和铜鼓县等八县表现"良好"；莲花县、定南县、安福县、资溪县、广昌县和婺源县等六县表现"中等"；上犹县、石城县、万安县、黎川县和宜黄县等五县表现为"差"。第三，造成以上结果的原因可能是：尽管各县的生态补偿力度和规模都在逐步加大，但实际的实施方法和途径可能存在一定的缺陷，加之地区的经济发展水平、质量及自然生态环境保护的效果都会因多种因素影响而不断变化。

江西重点生态功能区生态补偿绩效差异比较的分析结果表明：第一，从不同地区国家重点生态功能区生态补偿绩效的差异比较来看，赣东北、赣北区域在2003—2015年的变化趋势大体一致，且基本位于有效生态效率水平之下，样本期间两地区都基本经历了生态补偿效率的先增长、后降低，而后再增长、再降低的波荡起伏阶段，综合生态补偿效率多集中在0.8~0.9这一水平。而赣东地区的生态水平则呈现出平稳趋势，起伏不大，且效率多集中在最佳效率水平。赣西与赣南的变化趋势在2011年之前也基本相同，在2011年之后，呈现出相反的变化趋势，赣西在2011年之后生态补偿效率逐渐降低，而赣南的生态补偿效率则在2013年出现大幅下降。第二，从不同类型国家重点生态功能区生态补偿绩效的差异比较来看，五种不同类型重点生态功能区的生态补偿绩效均呈现出明显的震荡态势；从与平均绩效比较来看，五种不同类型重点生态功能区的生态补偿绩效也呈现出明显的分层特征，其中，南岭山地森林生物多样性生态功能区生态补偿绩效在样本期间一直高于平均绩效水平，而武夷山脉水土保持生态功能区生态补偿绩效在样本期间则从未达到平均绩效水平，其他三种类型重点生态功能区的生态补偿绩效则围绕平均绩效水平上下波动。第三，从江西重点生态功能区生态补偿绩效差异的原因来看：①赣东整体生态补偿绩效大于赣东北与赣北的主要原因是：身处赣东的抚州地区经济发展水平相对慢于其他两地区，辖区内矿产自然开采量较低，对生态环境的破坏较小，从而将资源劣势转变为生态优势。②赣西的生态补偿绩效高于赣南地区的主要原因是：赣南是众所周知的稀土之乡，辖区内的钨、锡、铋、稀土、钽等矿产储量极为丰富且分布相对集中。长期以来，赣南地区的经济结构依赖于涉矿产业，导致赣南"因资源而兴，因资源而困"，生态补偿绩效还需进一步提升。

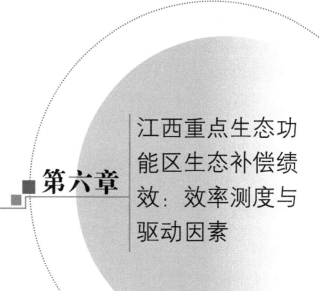

第六章　江西重点生态功能区生态补偿绩效：效率测度与驱动因素

一、江西重点生态功能区生态补偿综合效率的时空演变与区域差异

为进一步了解江西重点生态功能区生态补偿绩效问题，本章进一步测算了生态补偿的综合效率，并比较了其地区差异，具体分析如下：

（1）从生态补偿综合效率的整体情况来看：时间演变趋势方面，除少数年份外，大部分年份生态补偿的综合效率未能达到理想状态，还存在不同程度的改善空间（见表 6-1 平均值列）。具体而言，有 2 个年份（2011年和 2015 年）处于 1 的"理想状态"，有 5 个年份处于 0.98~1.00 区间的"次理想状态"，有 5 个年份处于 0.93~0.98 区间的"不太理想状态"，还有 1 个年份（2010 年）是 0.756 的"非常不理想状态"。空间格局方面，五种类型重点生态功能区生态补偿的综合效率均未能达到理想状态（见表 6-1 平均值行），其中南岭山地森林生物多样性生态功能区表现相对较好，怀玉山脉水源涵养生态功能区表现相对较差，其他三类的综合表现居于二者之间。

表 6-1　2003—2015 年江西省国家
重点生态功能区生态补偿综合效率的差异比较

年份	怀玉山脉水源涵养生态功能区	武夷山脉水土保持生态功能区	幕阜山脉水土保持生态功能区	罗霄山脉水源涵养生态功能区	南岭山地森林生物多样性生态功能区	平均值
2003	0.882	0.908	1.000	1.000	0.984	0.955
2004	0.856	0.945	1.000	0.966	1.000	0.953
2005	0.938	1.000	1.000	1.000	1.000	0.988
2006	0.971	0.995	0.989	1.000	0.984	0.988

年份	怀玉山脉水源涵养生态功能区	武夷山脉水土保持生态功能区	幕阜山脉水土保持生态功能区	罗霄山脉水源涵养生态功能区	南岭山地森林生物多样性生态功能区	平均值
2007	0.883	0.965	0.968	0.889	0.944	0.930
2008	1.000	0.941	1.000	1.000	1.000	0.988
2009	1.000	0.959	1.000	1.000	1.000	0.992
2010	0.721	0.701	0.684	0.706	0.969	0.756
2011	1.000	1.000	1.000	1.000	1.000	1.000
2012	0.971	0.958	1.000	1.000	1.000	0.986
2013	0.833	1.000	0.954	1.000	0.971	0.952
2014	0.998	0.98	0.915	0.924	0.977	0.959
2015	1.000	1.000	1.000	1.000	1.000	1.000
平均数	0.927	0.950	0.962	0.960	0.987	0.957

（2）从生态补偿综合效率的区域差异来看：时间趋势上，五类重点生态功能区生态补偿的综合效率均不同程度地表现出"波动与微扬"的态势，既有明显的波动，又在波动中呈现出略微上扬的趋势（见图6-1）。区域差异上，五种类型重点生态功能区生态补偿的综合效率呈现出分异态势。在样本期内，罗霄山脉水源涵养生态功能区、幕阜山脉水土保持生态功能区和南岭山地森林生物多样性生态功能区分别以9个年份、8个年份和7个年份达到了生态补偿综合效率的"最优状态"，均超过了样本期50%的年份，而怀玉山脉水源涵养生态功能区和武夷山脉水土保持生态功能区则都只有4个年份达到了生态补偿综合效率的"最优状态"，整体表现欠佳。

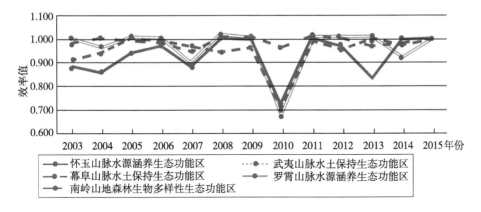

图 6-1 2003—2015 年不同类型国家重点生态功能区生态补偿效率趋势

二、基于 SBM-Malmquist 模型的生态补偿效率分解的时空格局

为进一步考察国家重点生态功能区生态补偿效率及分解的变动程度，本章特别引入 Malmquist 指数对 2003—2015 年江西省国家级重点生态功能区生态补偿效率进行分解，研究结论具体如下。

（一）江西国家重点生态功能区生态补偿效率分解的时间演化

（1）综合效率方面，表现为既震荡又上升，在震荡中逐渐改善的演化趋势。从演化趋势来看，2003—2015 年江西国家重点生态功能区生态补偿综合效率呈现出上升改善态势，综合效率从 2003 年的 1.143 上升到了 1.450，上升了约 26.86%（见表 6-2）。从演化过程来看，综合效率表现出先震荡后上升的演化历程，大致可以划分为两个阶段：2003—2010 年综合效率有降有升，表现为突出的震荡态势；2010—2015 年综合效率突出地表现为上升趋势（见图 6-2）。可能的原因在于，2010 年以来，江西省加大了在生态环境保护方面的政策和投入力度，显著改善了生态补偿的综合效率。

表6-2　2003—2015年江西省国家重点生态功能区各县市生态补偿效率分解测算

	2003	2004	2005	2006	2007	2008	2009	2010	2011	2012	2013	2014	2015
技术进步	1.163	1.110	0.957	0.940	1.111	1.211	1.142	1.151	1.178	1.201	1.250	1.206	1.247
纯技术效率	1.003	1.000	0.998	1.011	0.978	1.007	1.008	1.096	1.085	1.092	1.120	1.111	1.128
规模效率	0.979	0.995	1.017	0.996	0.959	1.046	1.004	1.080	1.120	0.995	1.021	1.038	1.031
综合效率	1.143	1.104	0.972	0.947	1.041	1.275	1.154	1.364	1.432	1.304	1.430	1.391	1.450

（2）效率分解方面，技术进步与纯技术效率在2003—2015年均呈现出上升态势（见图6-2）。但不同的是：一方面，在样本期间技术进步的上升幅度和整体表现要好于纯技术效率，以2010—2015年为例，技术进步平均值为1.21，而同期纯技术效率平均值为1.11，技术进步比纯技术效率高了10个百分点；另一方面，技术进步在2005—2006年曾呈现出短暂的下降，而后才进入到快速改善区间，而纯技术效率在样本期间则一直表现为稳步的上升态势。至于规模效率，虽在2010—2011年曾有过一定幅度的上扬，但从整个样本期间来看只略有改善，从2003年的0.979提升到了2015年的1.031，只改善了5.31%。可能的原因是，尽管江西省逐步加大了对生态文明建设的力度，但在规模上仍然存在投入不足的问题，规模效应还未充分发挥。

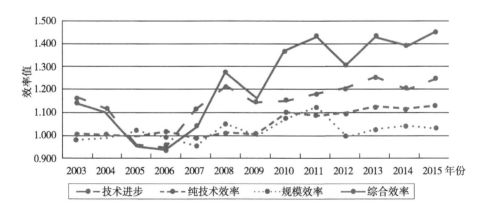

图6-2　2003—2015年江西省国家重点生态功能区生态补偿效率分解趋势

（二）江西国家重点生态功能区生态补偿效率分解的空间格局

通过对 2003—2015 年江西全省 26 个国家重点生态功能区县市生态补偿效率分解，可以看出样本期间的空间格局演变（见表 6-3）。

（1）从生态补偿的全要素生产率看，样本期间除部分县区（永新县和宜黄县）的生态补偿全要素生产率略有下降外，其他绝大部分国家重点生态功能区县的生态补偿全要素生产率均有不同程度的增长，年均增长率高达 24.7%，其中增长较为显著的是龙南县、崇义县和安福县，年均增长率分别为 72.9%、46.4% 和 46.3%。可以看出，在样本区间，江西省国家重点生态功能区的生态补偿全要素生产率获得了显著改善，由此可见，全省对重点生态功能区生态补偿的重视程度和政策效果较为明显。

（2）从生态补偿的综合效率看，样本期间除部分县区（莲花县、定南县、靖安县和黎川县）的生态补偿综合效率略有下降外，其他绝大部分国家重点生态功能区县的生态补偿综合效率均有小幅增长，年均增长率为 1.1%，其中增长较为显著的是广昌县、遂川县和婺源县，年均增长率分别为 7.0%、5.5% 和 5.1%。

（3）从生态补偿的纯技术效率看，全省国家重点生态功能区各县生态补偿的纯技术效率略有改善，整体效率增长率仅为 0.5%。其中表现较好的县为婺源县（4.5%）、万安县（2.6%）、安福县（2.3%）、广昌县（1.5%）、浮梁县（1.6%）和修水县（1.1%）；上犹县、定南县、靖安县和黎川县都呈现出整体递减趋势，莲花县、芦溪县、安远县等 11 个县区则处于不变状态，这表明这些县区在生态补偿方面的管理力度还需加强，且存在投入要素配置不合理的问题，需作出相应的调整与改善。

表6-3 江西省国家重点生态功能区生态补偿年均Malmquist指数及其分解

县区	综合效率变化	技术进步	纯技术效率变化	规模效率变化	全要素生产率
浮梁县	1.016	1.337	1.016	1.000	1.319
莲花县	0.988	1.128	1.000	0.987	1.097
芦溪县	1.000	1.302	1.000	1.000	1.302
修水县	1.029	1.399	1.011	1.018	1.379
大余县	1.000	1.328	1.000	1.000	1.329
上犹县	1.002	1.279	0.992	1.009	1.250
崇义县	1.003	1.404	1.001	1.000	1.464
安远县	1.000	1.237	1.000	1.000	1.234
龙南县	1.000	1.767	1.000	1.000	1.729
定南县	0.980	1.224	0.990	0.988	1.202
全南县	1.003	1.185	1.000	1.001	1.150
寻乌县	1.000	1.313	1.000	1.000	1.313
石城县	1.017	1.124	1.000	1.017	1.078
遂川县	1.055	1.313	1.007	1.026	1.355
万安县	1.044	1.280	1.026	1.007	1.278
安福县	1.034	1.392	1.023	1.011	1.463
永新县	1.006	0.992	1.000	1.006	0.968
井冈山市	1.001	1.180	1.000	1.001	1.176
靖安县	0.986	1.040	0.995	0.991	1.020
铜鼓县	1.003	1.096	1.003	1.000	1.089
黎川县	0.999	1.236	0.995	0.992	1.163
南丰县	1.002	1.382	1.000	1.002	1.387
宜黄县	1.001	1.037	1.002	0.993	0.972
资溪县	1.009	1.086	1.008	0.999	1.099
广昌县	1.070	1.387	1.015	1.051	1.362
婺源县	1.051	1.200	1.045	1.002	1.247
平均值	1.011	1.256	1.005	1.004	1.247

（4）从生态补偿的规模效率看，全省国家重点生态功能区各县生态补偿的规模效率改善较小，总体增长率仅为0.4%。其中，表现较好的县为广昌县（5.1%）、遂川县（2.6%）、修水县（1.8%）、石城县（1.7%）和安福县（1.1%），其他县区均存在不同程度的规模效率不佳（持平或下降），表明需适度合理地调整生态补偿的规模，减少盲目扩大或缩小补偿规模而导致实际的生态补偿绩效不佳。

（5）从生态补偿的技术进步看，全省国家重点生态功能区生态补偿的技术进步提升较快，年均提升幅度达到了25.6%。除永新县外，其余国家重点生态功能区各县均提升了生态补偿的技术进步水平，其中改善幅度超过30%的县为龙南县（76.7%）、崇义县（40.4%）、修水县（39.9%）、广昌县（38.7%）、南丰县（38.2%）、安福县（39.2%）、浮梁县（33.7%）、大余县（32.8%）、寻乌县（31.3%）、遂川县（31.3%）和芦溪县（30.2%）。这可能源自多年来中央和省市在重点生态功能区生态补偿方面投入大量的资金、人才、政策等支持，以促进生态补偿技术水平的创新与进步，改善重点生态功能区的生态环境状况，推动地区经济社会的发展。

三、江西重点生态功能区生态补偿效率驱动因素的理论与实证

有关生态补偿效率驱动因素的研究越来越受到学术界的关注和重视，但专门针对重点生态功能区生态补偿效率驱动因素的研究还鲜有涉及。本章首先从更广阔的视域探讨生态补偿效率驱动因素的理论问题，进而从实证角度检验驱动因素的显著性、影响方向及影响程度，从而为提升江西重点生态功能区的生态补偿效率提供政策导向与具体举措。

（一）理论之争

综观国内外文献，有关生态补偿效率的驱动因素（影响因素）还未取得共识，本章将从产业结构、经济状况、财政状况、环境规制等方面归纳和探讨生态补偿效率驱动因素的理论争鸣。

（1）产业结构因素。一种观点认为产业结构会影响生态补偿的效率，尤其是产业结构高度化和产业结构合理化（韩永辉等，2016）、产业转移（吴传清、黄磊，2017）、产业集聚（张雪梅、罗文利，2016）等。具体而言，有学者认为国内产业转移对生态补偿效率的影响大于国际产业转移，且前者的影响为正向，后者的影响为负向（吴传清、黄磊，2017）。另一种观点认为产业结构对生态补偿效率没有影响，如郭露、徐诗倩（2016）通过采用中部六省面板数据的实证研究，认为产业结构对生态补偿效率没有显著影响。还有一种观点认为产业结构对生态补偿效率的影响并不是稳定正向或负向影响，而是受到各种因素影响的权变关系。例如，卢燕群、袁鹏（2017）的实证研究表明，产业集聚对生态补偿效率的影响呈现出"先正向再负向"的"倒 U"形特征。总体而言，更多的学者认同产业结构会影响生态补偿的效率，但影响方向和程度未有定论。

（2）经济状况因素。杨亦民和王梓龙（2017）通过采用湖南 14 个市州的面板数据实证检验经济发展水平对生态补偿效率的影响，研究结果表明，在环境成本一定的情况下，经济发展水平能提供更多的财富，从而会提高生态补偿的效率。吴义根等（2017）检验了人均 GDP 对生态补偿效率的影响，研究结果显示人均 GDP 对生态补偿效率的影响呈现出"先负向再正向"的"U"形特征。钟成林和胡雪萍（2016）特别检验了"资源诅咒"与生态补偿效率之间的关系，研究结果表明，资源禀赋并未成为生态补偿效率提升的障碍性因素。由此可见，经济状况对生态补偿效率的影响也存在一定争议，并未达成学界共识。

（3）财政状况因素。通常而言，财政状况因素反映一个地区能用于改善环境、发展生态产业、构建绿色产业体系的能力，在某种意义上，财政状况是影响生态补偿效率的重要投入因素。李国平、李潇和汪海洲（2013）专门针对国家重点生态功能区的转移支付的生态补偿效果进行了分析，研究结果表明，国家重点生态功能区的生态补偿效率与该地区的财政转移支付密切相关。徐大伟和李斌（2015）针对辽东山区生态补偿财政项目生态补偿绩效的实证研究表明，财政赤字对生态补偿绩效具有显著影响。张涛和成金华（2017）针对湖北省重点生态功能区的实证研究表明，一个地区的财政状况会影响该地区的生态保护投入和环境污染治理，从而对生态补偿效率产生影响。

（4）环境规制因素。关于环境规制对生态补偿效率的影响，学术界有三种不同的观点：一是环境规制对生态补偿效率的负面影响论。张虎平、关山和王海东（2017）认为环境规制对生态补偿效率的影响是负面的。二是环境规制对生态补偿效率的正面影响论。张子龙、王开泳和陈兴鹏（2015）利用中国的省域面板数据开展的实证研究表明，无论短期还是长期环境规制，都对生态补偿效率表现出正面效应。三是环境规制对生态补偿效率的权变影响论。李胜兰、初善冰和申晨（2014）的实证研究显示，环境规制对生态补偿效率的影响呈现出明显的阶段性特征，即表现出"先负面再正面"的变化趋势。汪克亮等（2015）认为环境规制对生态补偿效率的影响具有不确定性。顾程亮、李宗尧和成祥东（2016）的实证研究表明，环境规制对生态补偿效率的影响呈现出"非对称的倒 U 形特征"，在中国东部地区促进了生态补偿效率提升，而在中西部地区却阻碍了生态效率提升。

（二）影响因素

根据以上理论分析，鉴于环境规制可以近似地被政府财政状况所刻画，在参照前人研究的基础上，本节重点考察产业结构、居民经济状况和政府财政状况等三类因素对江西重点生态功能区生态补偿效率的影响。三类变量的刻画指标如下：

产业结构。产业结构反映经济结构，经济结构体现经济的可持续性发展，参照严成樑等（2016）的研究，本章采用第二产业和第三产业与总产值的占比来衡量产业结构水平，分别用 $X1$ 和 $X2$ 来表示。

居民经济状况。现有研究已经证实居民经济状况会影响居民生态补偿补偿意愿（Bremer L. L. et al., 2014）与补偿阈值（Hejnowicz A. P. et al., 2014），本章分别采用城镇居民人均可支配收入（$X3$）、农村居民人均可支配收入（$X4$）和居民储蓄存款余额（$X5$）来综合刻画居民经济状况，这也是目前生态补偿研究领域较为常见的刻画指标。

政府财政状况。目前我国重点生态功能区生态补偿的投入仍然以政府财政投入为主，因此本章选取财政赤字占比（$X6$）来刻画，这一指标被张涛和成金华（2017）所采用。

（三）方法之惑

有关生态补偿效率驱动因素的实证研究并不多见，为了找寻更科学的实证方法来检视驱动因素，本节从"生态效率影响因素"这一视角来梳理和总结实证方法。目前，有关"生态效率影响因素"的实证研究较为丰富，方法多样，加之研究对象、研究问题具有相似性，因此，本节首先探讨"生态效率影响因素"的实证方法之争，然后选取前沿的科学方法，从而开展对江西重点生态功能区生态补偿效率驱动因素的实证研究。

鉴于因变量的取值介于 0~1 之间，本书采用受限因变量模型（Limited Dependent Variable Models）中的审查回归模型（Censored Regression Models）

进行影响因素分析，而审查回归模型又以 Tobit 模型最为典型。从模型具体设定来看，空间 Tobit 模型有三种设定形式：

（1）同时，空间自回归 Tobit 模型（Simultaneous Spatial Autoregression Tobit model，SSAR-Tobit 模型）的设定形式如下：

$$\mathrm{ECE}_{it} = \max\left(0, \rho \sum_{j=1}^{n} \omega_{ij} \, \mathrm{ECE}_{jt} + X_{it}^{T}\beta + \mu_{it}\right)$$

（2）潜空间自回归 Tobit 模型（the Latent Spatial Autoregression Tobit Model，LSAR-Tobit 模型）的设定形式如下：

$$\mathrm{ECE}_{it} = \max\left(0, \, \mathrm{ECE}_{it}^{*}\right),$$

其中，

$$\mathrm{ECE}_{it}^{*} = \rho \sum_{j=1}^{n} \omega_{ij} \, \mathrm{ECE}_{jt}^{*} + X_{it}^{T}\beta + \mu_{it}$$

（3）潜空间误差 Tobit 模型（the Latent Spatial Error Tobit Model，LSE-Tobit 模型）的设定形式如下：

$$\mathrm{ECE}_{it} = \max\left(0, \, \mathrm{ECE}_{it}^{*}\right),$$

其中，

$$\mathrm{ECE}_{it}^{*} = X_{it}^{T}\beta + v_{it}, \; v_{it} = \rho \sum_{j=1}^{n} \omega_{ij} \, \mathrm{ECE}_{jt} + \mu_{it}$$

以上三种模型设定中，ECE_{it} 是地区 i 在时间 t 的生态补偿效率，ω_{ij} 是空间权重矩阵，X_{it} 是解释变量矩阵，ρ 是空间自回归系数，v_{it} 是具有空间相关性的误差项，μ_{it} 是不具有空间相关性的误差项。为了选择合适的具体模型设定形式，本书参照前人研究（Kelejian and Prucha，2001；Xi Qu and Lung-fei Lee，2012；车国庆，2018），分别采用 KP 检验和 LM 检验来确定具体的模型形式。具体检验结果如表 6-4 所示。

表6-4 空间 Tobit 模型的 KP 检验和 LM 检验结果

空间 Tobit 模型三种形式	KP 检验	LM 检验
SSAR-Tobit 模型	1.237**	3.713**
LSAR-Tobit 模型	0.452*	0.244
LSE-Tobit 模型	0.171	0.506*

注：* 和 ** 分别表示检验值在 0.10 和 0.05 的显著性水平上通过显著性检验。

从表6-4的检验结果可知，KP 检验表明 SSAR-Tobit 模型和 LSAR-Tobit 模型分别在 0.05 和 0.10 的显著性水平上通过显著性检验，LM 检验表明 SSAR-Tobit 模型和 LSE-Tobit 模型模型分别在 0.05 和 0.10 显著性水平上通过显著性检验。因此，综合考虑 KP 检验和 LM 检验结果，SSAR-Tobit 模型是本书最合适的空间 Tobit 模型的设定形式。

（四）模型估计

模型估计。理论上，对于空间 Tobit 模型的参数估计，可供选择的估计方法主要有广义矩估计（GMM）、贝叶斯模拟矩估计（Lesage J. P., 2000）等，但鉴于这两种估计方法的空间 Tobit 模型设定的检验理论尚未成熟，在实际研究中通常选择更为成熟的极大似然法，该估计方法对空间 Tobit 模型的系数估计具有一致性和渐进最优性的优点（车国庆，2018），本章沿用这一估计方法。

空间权重矩阵。考虑到重点生态功能区在县级层面更多的表现为邻近效应，本章采用邻近空间权重来刻画空间效应。具体设定如下，如果县与县之间在地理上有共同边界，则矩阵元素取值1，否则取值0。

具体模型。根据空间 Tobit 模型检验结果，将影响因素分析纳入 SSAR-Tobit 模型，从而具体实证模型设定如下：

$$\text{Max}\left(0, \rho\sum_{j=1}^{n}\omega_{ij}\text{ECE}_{jt}+\beta_{1}\ln X_{1it}+\beta_{2}\ln X_{2it}+\beta_{3}\ln X_{3it}+\beta_{4}\ln X_{4it}+\beta_{5}\ln X_{5it}+\beta_{6}\ln X_{6it}+\mu_{it}\right)$$

上述模型中，ECE_{it} 是地区 i 在时间 t 的生态补偿效率，ECE_{jt} 是地区 j 在时间 t 的生态补偿效率，ρ 是空间自回归系数，ω_{ij} 是空间权重矩阵，$X_{1it} \sim X_{6it}$ 是分别表示地区 i 在时间 t 的第二产业与总产值占比、第三产业与总产值占比、城镇居民人均可支配收入、农村居民人均可支配收入、居民储蓄存款余额和财政赤字占比，μ_{it} 是误差项。

（五）实证结果

为了更加清晰地厘清江西不同类型国家重点生态功能区生态补偿效率驱动因素的差异，本章分别用 SSAR-Tobit 模型对全省样本和五个不同类型样本分别进行了估计，估计结果如表 6-5 所示。

表 6-5　SSAR-Tobit 模型的 MLE 估计结果

	全省	怀玉山脉水源涵养生态功能区	武夷山脉水土保持生态功能区	幕阜山脉水土保持生态功能区	罗霄山脉水源涵养生态功能区	南岭山地森林生物多样性生态功能区
X_{1it}	-0.231^{**}	-0.124	-0.411^{**}	-0.059	-0.376^{*}	-0.495^{***}
X_{2it}	0.432^{**}	0.218^{**}	0.334^{*}	0.109^{*}	0.602^{**}	0.483^{**}
X_{3it}	0.298^{*}	-0.337	0.193	-0.348	0.542^{**}	0.371^{*}
X_{4it}	0.344^{**}	0.299^{**}	0.442^{***}	0.404^{*}	0.617^{***}	0.561^{***}
X_{5it}	0.227	0.343	0.227^{*}	0.339^{*}	0.127	0.411
X_{6it}	0.447^{***}	0.387^{**}	0.692^{**}	0.571^{**}	0.770^{**}	0.682^{***}
ρ	0.117^{***}	0.224^{***}	0.289^{***}	0.177^{***}	0.464^{***}	0.572^{***}
Wald检验	23.325^{***}	10.774^{**}	16.431^{***}	12.338^{**}	15.924^{***}	18.478^{***}

注：*、** 和 *** 分别表示在检验值在 0.10、0.05 和 0.01 的显著性水平上通过了显著性检验。

（1）从全省样本来看，除"居民储蓄存款余额"外，第二产业与总产值占比、第三产业与总产值占比、城镇居民人均可支配收入、农村居民人均可支配收入和财政赤字占比均对江西重点生态功能区的生态补偿效率存在显著性影响。从影响方向来看，除"第二产业与总产值占比"对江西重点生态功能区的生态补偿效率是负向影响外，其他因素均是正向影响。主要原因可能是，"第二产业与总产值占比"刻画的是工业发展状况，而重点生态功能区多处于生态脆弱区，产业基础薄弱、传统产业占据主导、生态产业发育滞后，容易造成生态破坏，因此，呈现出的结果就是重点生态功能区的第二产业与总产值占比越高，其对生态补偿效率的影响就越负面。而相应地，其他指标在某种程度上都是从产业结构、居民经济状况、政府财力状况等方面刻画的有利于生态补偿效率的指标，如"第三产业与总产值占比"通常被用来刻画区域经济发达程度，相对于第一产业、第二产业而言，第三产业（如旅游业、现代服务业等）对生态环境的影响相对较少。"城镇居民人均可支配收入""农村居民人均可支配收入"两个指标刻画的主要是居民的购买能力，居民购买能力的提升反映在消费端是消费升级，从而在需求端会增加对生态产品的需求，也会增加对生态环境保护的诉求。"财政赤字占比"刻画的是政府的公共支出，重点生态功能区内的环境改善支出在政府公共支出中占有重要份额，因此，财政赤字占比越高，相应的生态补偿效率也相对越高。

（2）从影响程度来看，对江西重点生态功能区生态补偿效率的影响程度依次是财政赤字占比（0.447）、第三产业与总产值占比（0.432）、农村居民人均可支配收入（0.344）、城镇居民人均可支配收入（0.298）和第二产业与总产值占比（0.231）。从影响程度差异可以得出两个非常有趣的结论：一是财政赤字占比对江西重点生态功能区生态补偿效率的影响最大，表明江西重点生态功能区生态补偿的投入仍然是以政府财政投入为主，效率也最显著。这与通常认为的社会资本投入效率高于政府财政投入效率的论断相违背，可能的原因是，在江西重点生态功能区生态补偿的投入资本中，社会资本还未全面大规模参与，使得对社会资本投入生态补偿效率的影响并未完全得以释放。二是"第三产业与总产值占比"的影响高于"第二产业与总产值占比"，这说明样本区域内第三产业的发展对第二产业的生态化更有利于该区域内生态补偿效率的改善。可能的原因是，江西重点生态功能区第三产业（如生态旅游、生态康养、现代服务业等）发展的速度和质量超过了该区域内第二产业生态化、绿色化的速度。

（3）从不同类型样本来看，对五种不同类型的重点生态功能区而言，共同的影响因素是第三产业与总产值占比、农村居民人均可支配收入和财政赤字占比。就五种不同类型开展具体分析，在怀玉山脉水源涵养生态功能区，对生态补偿效率的影响程度依次是财政赤字占比（0.387）、农村居民人均可支配收入（0.299）和第三产业与总产值占比（0.218）；在武夷山脉水土保持生态功能区，对生态补偿效率的影响程度依次是财政赤字占比（0.692）、农村居民人均可支配收入（0.442）、第二产业与总产值占比（0.411）、第三产业与总产值占比（0.334）和居民储蓄存款余额（0.227）；在幕阜山脉水土保持生态功能区，对生态补偿效率的影响程度依次是财政赤字占比（0.571）、农村居民人均可支配收入（0.404）、居民储蓄存款余额（0.339）和第三产业与总产值占比（0.109）；在罗霄山脉水源涵养生态功能区，对生态补偿效率的影响程度依次是财政赤字占比（0.770）、农村居民人均可支配收入（0.617）、第三产业与总产值占比（0.602）、城镇居民人均可支配收入（0.542）和第二产业与总产值占比（0.376）；在南岭山地森林生物多样性生态功能区，对生态补偿效率的影响程度依次是财政赤字占比（0.682）、农村居民人均可支配收入（0.561）、第二产业与总产值占比（0.495）、第三产业与总产值占比（0.483）和城镇居民人均可支配收入（0.371）。

（4）造成五种不同类型重点生态功能区生态补偿效率驱动因素差异的原因可能是：国家定位不同，造成不同类型国家重点生态功能区的生态禀赋、产业布局、财政投入、发展路径均具有一定差异。生态禀赋方面，国家将重点生态功能区的定位侧重于生态环境功能，不再考核地区生产总值指标，在一定程度上导致部分地区生态产业发展动力和压力不足，生态产业发展不足，导致重点生态功能区经济发展突破生态约束的压力持续存在。产业布局方面，一些重点生态功能区的产业转型需要技术、资金等支持，加上生态产业集中度不高、生态产业链不完善及产品附加值低等问题突出，有些重点生态功能区的产业较为单一，且多处在初级农作物种植和农产品初级加工阶段，产业链较短，附加值较低，生态补偿的自我造血能力不足。财政投入方面，贫困地区往往是限制开发区或禁止开发区，生态产业发展的碎片化使其规模效应难以凸显，对资本的吸引力也不够，加上地方财政投入缺口较大，自我发展的内生驱动乏力，对生态补偿的财政投入越来越难以为继。发展路径方面，在个别重点生态功能区"限制和禁止开发"的指导思想下，绿色生态产业并没有置于产业发展的优先位置，陷入了"保护有余，发展不足"的困境，影响了生态补偿效率。

（5）从空间效应来看，无论是全省样本还是不同类型样本的实证结果都表明生态补偿效率的空间效应存在（均为正空间效应），而且全省样本的空间效应均低于五种类型样本的空间效应。可能的原因是重点生态功能区在全省的分布较为分散，加之五种类型重点生态功能区之间的异质性较强，从而导致全省样本的空间效应低于五种类型内部的空间效应。五种不同类型国家重点生态功能区生态补偿效率的空间效应大小依次为南岭山地森林生物多样性生态功能区（0.572）、罗霄山脉水源涵养生态功能区（0.464）、武夷山脉水土保持生态功能区（0.289）、怀玉山脉水源涵养生态功能区（0.224）和幕阜山脉水土保持生态功能区（0.177）。造成这种空间效应格局的原因主要是：一方面，南岭山地森林生物多样性生态功能区和罗霄山脉水源涵养生态功能区各县之间同质性较强，在生态环境、经济发展、资源禀赋等方面具有较强的互动性和互补性，从而使得这两种类型内部的生态补偿效率空间效应较强。另一方面，怀玉山脉水源涵养生态功能区和幕阜山脉水土保持生态功能区两种类型生态补偿空间效应相对较弱，主要是缘于这两种类型分别只包含3个县和2个县，导致空间效应并没有被精确度量，从而导致样本区域生态补偿的空间效应相对较弱。

四、本章主要观点

本章研究结果表明：

（1）从生态补偿综合效率的整体情况看，时间演变趋势方面，除少数年份外，大部分年份生态补偿的综合效率未能达到理想状态，还存在不同程度的改善空间；空间格局方面，五种类型重点生态功能区生态补偿的综合效率均未能达到理想状态，其中，南岭山地森林生物多样性生态功能区表现相对较好，怀玉山脉水源涵养生态功能区表现相对较差，其他三类重点生态功能区的综合表现居于二者之间。

（2）从生态补偿综合效率的区域差异看，时间趋势上，五类重点生态功能区生态补偿的综合效率均不同程度的表现出"波动与微扬"的态势，既有明显的波动，又在波动中呈现出略微上扬的趋势；区域差异上，五种类型重点生态功能区生态补偿的综合效率呈现出分异态势。

（3）从江西重点生态功能区生态补偿效率分解的时间演化看，综合效率方面，表现为既震荡又上升，又在震荡中逐渐改善的演化趋势；效率分解方面，技术进步与纯技术效率在2003—2015年均呈现出上升态势，一方面，在样本期间技术进步的上升幅度和整体表现要好于纯技术效率，另一方面，技术进步在2005—2006年曾呈现出短暂下降，而后才进入快速改善区间，而纯技术效率在样本期间则一直表现为稳步的上升态势，而规模效率从整个样本期间来看只略有改善。

（4）从江西重点生态功能区生态补偿效率分解的空间格局看，整体而言，样本期间除部分县区（莲花县、定南县、靖安县和黎川县）的生态补偿综合效率略有下降外，其他绝大部分国家重点生态功能区县的生态补偿综合效率均有小幅增长；全省国家重点生态功能区各县生态补偿的纯技术效率略有改善，整体效率增长率仅为0.5%；全省国家重点生态功能区各县生态补偿的规模效率改善较小，总体增长率仅为0.4%；全省国家重点生态功能区生态补偿的技术进步提升较快，年均提升幅度达到了25.6%。

（5）江西重点生态功能区生态补偿效率驱动因素的理论与实证研究表明：①从全省样本来看，除"居民储蓄存款余额"外，第二产业与总产值占比、第三产业与总产值占比、城镇居民人均可支配收入、农村居民人均可支配收入和财政赤字占比均对江西重点生态功能区的生态补偿效率存在显著性影响。从影响方向来看，除"第二产业与总产值占比"对江西重点生态功能区的生态补偿效率是负向影响外，其他因素均为正向影响。②从影响程度来看，对江西重点生态功能区生态补偿效率的影响程度依次是财政赤字占比、第三产业与总产值占比、农村居民人均可支配收入、城镇居民人均可支配收入和第二产业与总产值占比。③从不同类型样本来看，对五种不同类型的重点生态功能区而言，共同的影响因素是第三产业与总产值占比、农村居民人均可支配收入和财政赤字占比。④具体到五种不同类型重点生态功能区生态补偿的驱动因素，却存在较大的差异，造成五种不同类型重点生态功能区生态补偿效率驱动因素差异的原因可能是：国家定位不同，造成不同类型国家重点生态功能区的生态禀赋、产业布局、财政投入、发展路径均有一定差异；⑤从空间效应来看，无论是全省样本还是不同类型样本的实证结果都表明生态补偿效率的空间效应存在（均为正空间效应），而且全省样本的空间效应均低于五种类型样本的空间效应；具体而言，五种不同类型国家重点生态功能区生态补偿效率的空间效应大小依次为南岭山地森林生物多样性生态功能区、罗霄山脉水源涵养生态功能区、武夷山脉水土保持生态功能区、怀玉山脉水源涵养生态功能区和幕阜山脉水土保持生态功能区。

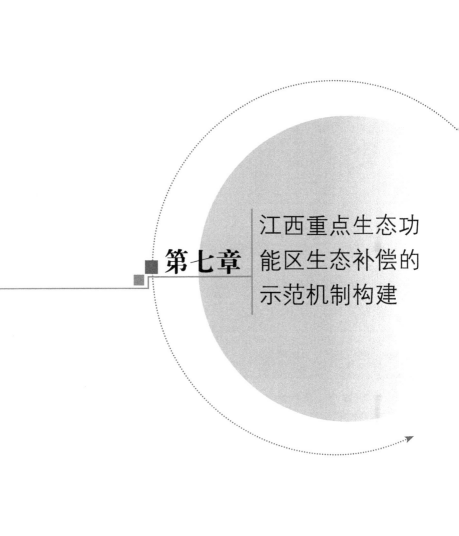

第七章　江西重点生态功能区生态补偿的示范机制构建

生态补偿机制主要在于探索生态补偿各主体或部门之间相互影响、相互作用的规律以及它们之间的协调关系，通过一些确定的运行路径，将每一个构成要素有机结合，促使生态补偿得以顺利进行（孟根陶乐，2018）。江西重点生态功能区既是生态脆弱区，又是革命老区、资源富集区与深度贫困区"三区"叠加区域，区域内河流众多、山林密布，既是江河源头地区，又是生物资源富集地区，生态地位十分重要。这些地区普遍发展基础差，26个国家重点生态功能区中的23个县市同时是扶贫开发重点县或"西部政策"比照县，面临保护生态与脱贫攻坚的双重任务，在该地区探索生态补偿的示范机制，具有重要示范意义。

示范机制在中国式政策执行机制里居于重要地位，其中的重点在于通过试点示范带动、总结成功经验，从而析出规范化、成熟化的推广模式。通过探索"点示范—线延伸—面扩展"的工作思路，以"点"为基准，固点扩面，以项目为抓手，梯次推进江西重点生态功能区生态补偿的示范机制建设，进一步把理论知识的认知水平丰富化。多年来，江西致力于重点生态功能区生态补偿的实践与探索，成功构建了制度引领、行之有效、可落地、可借鉴、可复制的生态补偿体制机制，形成了独特的"江西经验"，并在政府为主导、社会力量广泛参与、不同层级政府为组织体系的示范机制探索等方面提供了良好示范。总结和推广这些经验，为全省乃至全国其他类似地区开展生态补偿创新实践提供接地气、可复制、可推广的生态补偿方案，具有重要的理论和实践价值。

一、江西重点生态功能区生态补偿示范的组织机制

江西省重点生态功能区生态补偿是一项可持续发展的系统工程，一方面在于重点生态功能区生态补偿系统的良性建设与完善，另一方面则在于示范机制的辐射与带动。在追求经济可持续发展的背景下，容易出现"重建设，轻示范"的问题，对示范引领作用的重视程度不高，江西重点生态功能区生态补偿示范机制建设就是为了解决"样板"的试点示范问题。保障好生态补偿示范机制的运行，就要在组织机制上明晰分工，厘清、理顺架构权责。笔者认为，江西省重点生态功能区生态补偿示范组织机制应该重点探索"以政府为引领、各利益主体和社会成员广泛参与、以高质量的示范框架和示范点为核心、整体运行有效"的示范组织机制，把示范效果显性化，把补偿标准明确化，把推广对象延伸化。

（一）以政府为示范引领，在组织机制中居主导地位

生态环境和自然资源具有公共产品属性，由此决定了政府在生态补偿过程中的主导者地位。鉴于此，江西各级政府在重点生态功能区生态补偿的示范机制创建过程中积极有为，保证了生态补偿示范机制的有效可落地。具体做法：第一，政府是生态补偿政策框架的制定者，制定"游戏规则"保障重点生态功能区生态补偿的有效运行，是示范组织机制的基石；第二，政府是重点生态功能区生态环境保护和治理的主要投入者，运用财政、税收、金融等政策手段投入生态补偿资金，打造以生态补偿专项基金为核心的"资金池"，是示范组织机制的"粮食"；第三，政府是平衡社会利益的关键主体，各级政府要在重点生态功能区某些领域探索市场化生态补偿机制，如致力于资源市场、生产要素市场的培育开发，积极探索排污权交易方式、完善水资源合理配置和有偿使用制度等（李炜，2012），是示范组织机制的"血液"。综上所述，各级政府在重点生态功能区生态补偿中的示范引领是确保示范组织机制得以有效运行的前提。

（二）各利益主体和社会成员广泛参与，在组织机制中居主体地位

示范组织机制的有效运行虽然离不开政府的引领，同时也需要各利益主体和社会成员的广泛参与。激发各利益相关者和社会公众广泛参与的积极性和主动性是确保生态补偿组织机制示范运行的基础，通过打造"政府主导＋社会主体"这一协同示范模式，以"上下联动"的工作机制为保障，可以引导社会力量的广泛参与，从而实现生态补偿示范由"点"到"线"、由"线"扩"面"。具体做法：第一，建立各级政府部门及时准确披露各类环境信息的机制，扩大信息公开范围，保障公众知情权，维护公众环境权益，健全举报、听证、舆论和公众监督等制度，构建全民参与的社会行动体系。第二，在涉及环境的重大工程建设项目立项、环评、实施、后评价等各环节，有序增强公众参与度；引导生态文明建设领域各类社会组织、公益性组织健康有序发展，发挥民间组织和志愿者的积极作用。第三，对重点生态功能区生态补偿示范点表现优异的地区和领导班子成员进行奖励，在年终考核、职务升迁等方面予以适当倾斜；对后进区域的领导班子成员进行约谈，构筑示范点有所作为的氛围。第四，将优质资源集中投入补偿示范表现优异的区域，进一步挖掘示范点深层潜力。

（三）以不同层级间组织关系为组织机制的示范框架，居核心地位

在组织机制建设的过程中，构建示范框架是重中之重。明确示范框架，才能保证好的实施效果。鉴于示范框架本身固有的特殊地位，示范框架的建设一定要注重公益性的传递和受益面的广泛。江西省重点生态功能区生态补偿组织机制的示范框架要把不同层级组织间的关系处理得当，省级政府和地方政府要杜绝"形象主义""面子工程"，把示范过程透明化，强化监督力度，并把这种强制力度层层传递，使示范点发挥出最大效益。

牢固树立"谁开发谁保护、谁破坏谁恢复、谁受益谁补偿、谁排污谁付费"的生态补偿原则，切实构建起以不同层级间的组织关系为组织机制的示范框架。

目前我国设立的重点生态功能区主要涵盖国家自然保护区、水源涵养区、生物多样性保护区、防风固沙区以及水土保持区等几种类型。针对江西重点生态功能区对生态环境造成污染和破坏的责任认定及利益受损，进一步明确补偿模式、明晰补偿途径。具体而言：第一，针对某些限制开发区，为了维持生态水平、加强生态修复，可能限制或禁止可以带来短期收益的一些污染产业，从某种意义上丧失了一些发展机会，可能带来经济收益减少、失业人口增加、上下游产业受到冲击等一系列负面影响。基于此，生态补偿机制可以在一定程度上发挥其调节生态环境保护与短期经济受损之间的矛盾的作用。重点生态功能区具有很强的环境正外部性，为全省乃至全国提供了良好的生态产品（如无污染的空气、水等），理应获得相应补偿。因此，在该区域内获得相应收益却没有承担环境责任的组织和个人理应作为重点生态功能区生态补偿的主体，而居住在重点生态功能区周围社区的居民由于受到过多环境责任约束，牺牲了一些发展权利，因此应作为生态补偿机制中的补偿客体，获得合理的生态补偿。从补偿标准上看，由于江西重点生态功能区多涉及森林、植被、湿地、土壤、水源等自然资源，采用生态服务价值理论是最合适的。至于组织机制里的生态补偿途径如何选择，一般便涉及两种途径，即市场途径和政府途径，如表7-1所示。

表 7-1 生态补偿的政府途径和市场途径

途径种类	政策工具	主要含义
政府手段	财政转移支付政策	基准定位于各个政府存在财政上的能力差异，致力于将财政差异缩小并得以平衡，实现均等化的公共服务，分为纵向和横向财政转移制度
	专项补偿基金	为开展生态补偿建立的一项特殊基金，用于生态保护和建设行为进行资金补贴和技术支持
	生态建设重点工程	政府通过直接实施重大生态建设工程来对项目区的政府和公众提供资金、技术等补偿
市场手段	生态环境补偿费	对破坏者采取收费措施旨在削弱对环境的破坏程度。主要用于资源的管理和保护等，体现资源的价值
	排污收费	主要是对污染排污者的排污行为进行收费，是我国应用最广泛的一种方式
	生态（环境）税	中国目前还没有纯粹的生态（环境）税，但在现行税制中有许多关于生态环境保护的条款，也有如资源税等专门税种
	排污权交易	根据污染物排放总量发放一定数量的排污许可证，并通过市场交易许可证，来达到保护环境的目的
	"一对一"交易	主要用补偿主体与对象明确，双方互相达成协议的情况。对于跨省中型流域区、城市饮用水水源地和辖区小流域的生态补偿问题比较适用
	碳汇交易	利用碳汇清洁发展机制开展国际间的碳汇交易。
	生态标记	可以将其视为生态功能区生态补偿创新下的一种政策应用工具

资料来源：刘江宜．可持续性经济的生态补偿论［M］．北京：中国环境出版社，2012：72．

就江西重点生态功能区的实际而言，目前生态补偿途径主要是利用政府手段进行补偿，主要是依托政府转移支付对发展权受损的补偿和对保护建设投入的补偿。近年来，江西省经济发展呈现出稳中向好的发展态势，经济实力明显增强，加之国家每年专项投入重点生态功能区的财政转移支付资金，基本能满足全省 26 个重点生态功能区环境保护和脱贫攻坚的资金需求。构建有效的重点生态功能区生态补偿示范组织机制，关键是从"五点"着手，按照"抓点、带线、促面"的思路，形成"点上抓亮点、线上抓特色、面上抓提升"的局面，结合各区域不同资源禀赋形成具有江西特色的示范机制。

打造好生态补偿资金"五个点"。主要在于：健全全流域补偿资金、完善东江源生态补偿资金、落实对贫困人口的补偿资金、覆盖对生态资源的补偿资金、突出政策项目资金倾斜。截至 2018 年，江西省全流域补偿资金总量已提高到 28.9 亿元，全省共下达生态公益林补偿资金 10.96 亿元，安排建档立卡贫困人口生态护林员 1.4 万人，下达专项资金 1.4 亿元。这些资金都是支持重点生态功能区生态建设和民生工程的关键性补偿，也是加大生态补偿力度、构建示范组织机制的有效途径。

承接好生态补偿法律法规"一条线"。生态补偿法的缺失往往导致民众对于对环境保护的意识不够积极，江西省可以根据本地生态环境特点，综合考虑自然条件特征和当前社会经济发展现状，因地制宜，制定地方法规并采取强制化措施加以规范，提高生态补偿有效性，促进生态补偿精准度。例如，可以考虑将湿地、森林、土壤、水域等都纳入生态补偿约束的范围，为各类生态环境的保护和恢复奠定基础（唐仕钧，2015）。

保持好生态补偿共同参与"一个面"。随着全省各地经济水平的日益增长，政府可以尝试适度调整生态补偿管理模式，鼓励具备一定经济实力的组织和个体，推动从"输血型"补偿模式向"造血型"补偿模式转变。

二、江西重点生态功能区生态补偿示范的运行机制

江西省重点生态功能区生态补偿在补偿规模、补偿覆盖面、补偿效果等方面取得了较好的效果，基本形成了"谁损害谁补偿，谁使用谁付费""绿水青山就是金山银山"的格局，大大促进了生态产品价值的实现。但同时也应该看到，江西省重点生态功能区生态补偿在实际运行过程中仍

然存在一些问题，如补偿资金来源过度依赖政府转移支付资金、补偿标准缺乏科学依据、补偿额度存在一定争议、补偿规模仍然偏小、补偿资金后续支撑乏力等问题。要使江西重点生态功能区生态补偿的示范机制健康有效，关键在于构建良性高效的运行机制，着力打造"以政府理念和契约责任为主要内容，提供居民多元收入源为有效手段、多方主体共同参与和高效管理机构为约束制度、通过宣传促进生态补偿机制真正示范推广"的运行机制，如图7-1所示。

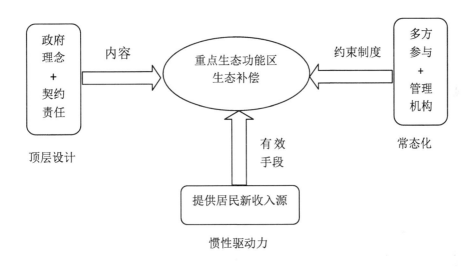

图 7-1　江西省重点生态功能区生态补偿示范的运行机制

（一）以政府理念和契约责任为主要内容

一般而言，生态补偿契约责任的发起者是政府、补偿主体或补偿客体，把政府政绩和生态伦理紧紧相连，构建政府责任和生态危机之间的紧密关系，涵盖各利益相关者的价值需求及相关群体的价值标准，构成一个整体的责任体系（陈高雅、赵学义，2015）。作为"游戏规则"的制定者，政府需要将补偿理念融入重点生态功能区生态补偿的总体规划，将创新意识导入生态补偿的运行机制，进一步明确示范机制构建的思路，根据不同重点生态功能区特征，因地制宜地确保生态补偿机制的针对性和有效性。从国外生态补偿经验来看，欧盟通过细化补偿目标，将补偿范围不仅扩大到涵盖农业、林业、生物等补偿行业，还囊括了历史文化古迹保护。美国政府出台了"保护性储备计划"（即土地休耕计划）以应对自然灾害，该"保护性储备计划"虽然是政府主导实施，但实际上政府只承担生态补偿的部分资金，在项目运作上完全按照市场竞争方式进行，充分调动了社会各行各业的力量共同参与到生态补偿活动中。以发达国家生态补偿经验为借鉴，江西省可以充分利用生态环境优势，引入补偿效率更高的市场化手段（如开展污染测度、建立碳汇市场、完善市场化交易等），通过产权改革、价值量化、价值转化、市场培育、制度构建、人才支撑等环节，大力探索以政府理念和契约责任为主要内容的生态补偿运行机制建设，提升各利益主体参与生态补偿的积极性。

探索市场化的生态补偿运行机制，关键需要从以下两个方面入手：一是要做好两个方面的机制设计。首先要建立和完善"评估—定价—交易（补偿）"的生态环境损害的机制设计，重点做好生态环境损害的评估机制、生态资源定价机制、碳汇市场交易机制、生态化补偿机制等机制设计。其次要建立和完善"创造—展示—推广—维护"生态产品价值增值机制，重点探索生态产品产业化价值创造、价值展示、价值推广、价值维护等机制设计，切实打通"绿水青山向金山银山转化"的通道。二是开展多样化生态环境转化的途径探索。从科学评估核算生态环境价值、培育生态环境交易市场、创新生态环境资本化运作模式、建立政策制度保障体系等角度开展江西生态环境价值实现的途径探索。

（二）以提供居民多元收入源为有效手段

由于江西重点生态功能区具有"生态高地、经济洼地"的突出特征，天然存在经济发展、改善民生、扶贫攻坚等发展诉求，为居民提供稳定可靠、多方来源的收入渠道成为衡量生态补偿效果的重要评判之一。鉴于重点生态功能区位置所限，区域内居民普遍存在缺少知识、技术、资金、经验等问题，长期以来，主要收入来源高度依赖于当地特有自然资源的过度开发，如乱砍乱伐、矿业无序开采、水体土壤污染等，从而使得重点生态功能区所面临的棘手问题就是经济发展与生态环境保护的潜在冲突。为此，直面当地居民的收入和生活水平降低，解决好重点生态功能区对当地居民生活生产的不利影响、将其纳入生态补偿范围，是构建好重点生态功能区示范机制的良性驱动力，也是最有效、最直接的手段。

（三）以多方主体共同参与和高效管理机构为约束制度

其他领域生态补偿的实践经验表明：中央政府、地方政府、环境保护职能部门以及生态补偿实施者等都是生态补偿相关利益者，受偿者的参与程度直接反映着生态补偿的实际效果。然而，无论是在理念上，还是在实践操作中，生态补偿在重点生态功能区还存在一些现实难题，尤其是生态补偿标准和额度在生态补偿的补偿主体与受偿主体之间还存在一定分歧，加之现有法律法规对生态补偿界定主要还停留在框架层面（如对相关利益的主体划定不明晰等）。因此，加快构建以多方主体共同参与和高效管理机构为约束制度的生态补偿机制成为江西重点生态功能区生态补偿示范运行机制的重中之重。

对于生态补偿机制而言，高效的管理机构是核心。无论是针对重点生态功能区资源环境和经济发展的协同问题，还是生态补偿受益群体和受损群体的冲突问题，都依赖于高效的管理协调机构。目前，江西重点生态功能区生态补偿相关问题管理机构主要是江西省发改委。由于江西省发改委的工作人员多兼有其他工作，在精力和专业性上常常难以兼顾，针对江西重点生态功能区的独特地位，建议江西可以在生态补偿专门化机构方面作出尝试。建议如下：第一，可以效仿长江水利委员会、黄河水利委员会、南水北调建设委员会等具有"统筹"性质的组织机构，尝试建立跨部门的重点生态功能区管理机构，主要解决谁来统筹、统筹要达到什么样的目标、统筹是职责和边界如何界定、统筹主体与其他现有主体之间的关系如何厘定等具体问题，如湿地保护区应当由土地管理部门、水利部门、渔业部门、环境保护部门等共同组成的管理委员会负责；天然林保护区应由土地林业部门、资源部门、水利部门、环保部门等组成的管理委员会负责，但各部门责任、权力和利益要明确。第二，还可以设立专门机构进行统一规划布局，把握重点生态功能区生态补偿示范机制建设的具体发展方向。第三，同时吸收当地社区居民参与管理工作，依托行业协会、志愿者组织、环保组织等成立生态补偿管护委员会，探索社区共管，着力降低重点生态功能区和社区间的冲突，充分调动居民生态环境保护与治理的积极性。第四，成立效果评估小组，围绕如何提高纵向补偿效率、如何拓展横向政府补偿渠道、如何提升就地补偿效益、如何激发市场补偿活力等领域展开工作。第五，成立监督审查小组，小组由在生态补偿过程中的受偿群体、补偿群体、政府机构共同组成，定期成不定期地对生态补偿工作和补偿金的使用情况进行审计（刘丽，2010）。

以上五部分是江西构建重点生态功能区生态补偿示范运行机制的总体框架，为确保示范机制顺畅、高效运行。还需特别注意：首先，在顶层设计上，坚持政府理念和契约责任为切入点，宏观把控和维持运行机制的顺畅；其次，把保护社区居民利益作为直接推动机制运行的"良性助推器"，从侧面给予大力支持；最后，以多方主体共同参与和高效管理机构为约束制度，保障机制运行，并把这种机制运行常态化。

（四）通过宣传促进生态补偿机制真正示范推广

生态补偿机制构建之后，需要通过有效的宣传推广才能让生态补偿机制得以示范和推广，因此，建立宣传机制也是建立示范机制的主要内容。

总体来说，江西构建重点生态功能区生态补偿宣传机制需要紧紧围绕以下三大原则展开：一是宣传推广要充分利用现代化的宣传手段、工具和载体；二是宣传推广要充分体现重点生态功能区的具体情况；三是宣传推广要注重理论和实践的统一、示范机制与示范效果的统一。

明确界定示范的步骤、顺序、方式、时限，能够有效推动生态补偿机制的试点示范。尽管不同地区、不同类型重点生态功能区存在差异，但生态补偿机制设计相对统一，因此可以制定相对统一的宣传推广方案，具体如下：一是在全省范围内坚持统一宣传和精准宣传相结合，有针对性地定期发布重点生态功能区生态补偿的宣传资料，把生态补偿的典型示范经验向全省推介；二是利用一些省内官方自媒体平台，通过建立微信公众号、微博、门户网站、新闻平台及户外 LED 显示屏等平台，加大生态补偿示范的宣传力度，在一些特殊的环境保护日开展生态补偿主题活动，让生态补偿观念切实深入人心；三是可以着力培养一批专业宣传队伍，加强队伍建设，通过面对面沟通使公众认识到生态补偿示范机制的重要性。同时，在生态补偿推广宣传和具体工作的传播中，要把每个不同重点生态功能区类型的自身特点纳入考虑范围，使示范机制和作用向更深层次进发。

三、江西重点生态功能区生态补偿示范的考核机制

要确保重点生态功能区生态补偿有成效、能持久、作示范，建立健全考核机制成为其中重要的一环。在以往对生态补偿的考核评价中，一定程度上存在考核评价目标和内容不够明确（体系不够完善）、考核评价主体单一（过多依赖政府）、考核方法过于简单（无法真实体现效果）、考核标准不够规范（缺乏科学依据）等问题。在此背景下，构建科学、合理、可操作性的江西重点生态功能区生态补偿考核机制，对于提高试点示范的效果具有重要意义。

在落实示范考核机制的过程中，首先要明确权责主体，鉴于重点生态功能区的各利益相关者有着不同的利益取向和现实需求，针对不同的利益主体的考核评价也应有不同的评价体系和评价手段。遗憾的是，在目前全省的重点生态功能区生态补偿的实践过程中，还不同程度地存在各利益相关者的权责不匹配，个别地区和领域还出现有责无权、有权无责等问题，对生态补偿的示范造成了不同程度的负面影响。就江西重点生态功能区生态补偿的权责主体而言，本书从利益主体和权责分配的视角作了简要划分，如表7-2所示。

（一）权责主体

表7-2　江西重点生态功能区生态补偿的权责主体

	权利	责任	生态补偿后的变化
重点生态功能区周边社区居民	生产资料获取权、平等发展权	重点生态功能区的保护	收入增加，就业渠道增加
开发利用的企业和个人	资源使用权、资源收益权	使用付费	利润减少，生产方式转变
环境管理部门	管理执法权、部分收益权	重点生态功能区的环境恢复治理	管理部门之间利益得到平衡
重点生态功能区所在地政府	收益权、管理权、处置权	重点生态功能区的环境恢复治理	财政支出增加，区域生态环境改善
中央政府	收益权、管理权、处置权	重点生态功能区的环境恢复治理	财政支出增加，国家生态环境改善，国际形象优化、社会矛盾减少

（二）"示范委员会"考核主体和方式

借鉴其他地区的经验，结合江西重点生态功能区生态补偿的实际，成立"生态补偿成果转化示范委员会"，主要职责是对生态补偿成果的转化效果、推广情况进行考核。全省生态文明建设领导小组共同商议决定"示范委员会"成员，为确保考核结果的专业水平，成员必须是本行业知名专家学者、实际工作部门的主管领导、省政府参事等，除本省专家外，还要邀请省外专家加入"示范委员会"，并且省外专家数量必须达到总数量的2/3，以确保考核结果公平公正。考核过程中，充分尊重"示范委员会"的专业性，保障"示范委员会"的独立性，尽可能让"示范委员会"的评价考核不受外界影响。考核内容主要包括对重点生态功能区生态补偿的立项考核、年度考核和项目验收考核，尤其是对于生态补偿实施后的效果要做出对比，得出结论，不足之处要找准原因并提出改善方案。引入激励机制，把生态补偿考核评价结果与奖惩相挂钩，针对考核达标的示范区域，给予激励措施及政策扶持，针对未通过考核或者考核不达标的区域，给予整改处罚，整改之后考核仍不达标的，将分管领导调离岗位，对主要领导进行问责。将重点生态功能区的生态效益水平提高与其该地区考核、该地区主要领导考评相结合，既可以使重点生态功能区领导班子有更大积极性聚焦重点生态功能区的绿色发展，又可以通过传统产业转型、构建绿色产业体系提高重点生态功能区的经济水平，从而提升重点生态功能区"造血"能力，弱化对中央和省级财政转移支付的依赖。此外，引进以"示范委员会"为核心的第三方考核机制也可以更加有效地管理和促进重点生态功能区示范机制的构建，形成更加公允严苛的考核体系（齐莹莹，2012）。

（三）"绿色GDP"考核体系

经济高质量发展标定了新时代中国经济发展的新方位，生产发展、生态良好、生活富裕是人民追求的目标，作为"幸福靠山"的绿水青山正在为江西人民提供新的福祉。好山水价值一直未在国民经济统计中加以体现，开展生态经济的探索性核算是"两山理论"的集成，也是江西绿色生态财富表现的直接需求。重点生态功能区与一定区域内的生态安全紧紧相联，在承担保护环境、修复生态、提供生态产品等重大职责的同时，也对区域内的大规模、高强度的工业化城镇化开发有所限制。因此，进行环境质量的监测、经济核算时，应把落脚点放在更加偏向于生态空间、生态资源等方面，理应考虑优良生态环境所带来的溢价。因此，在重点生态功能区生态环境质量监测指标的选取上要破除陈旧观念（王健睿，2017），需要将生态环境指标纳入 GDP 核算。以 GDP 为核心的国民经济核算制度反映了经济活动的正面效应，没有反映负面效应的影响，忽略了资源损毁和环境恶化，与可持续发展战略存在差距。

推行绿色 GDP 核算不仅是贯彻落实"创新、协调、绿色、开放、共享"发展理念的新时代需要，而且是实现江西经济高质量发展的需要，同时是对江西最大财富（绿色）测度的重要手段，也是生态优势变发展优势的重要体现，更是完成国家生态文明试验区（江西）建设"两山"转换和制度创新的重要任务。绿色 GDP 核算的核心思想是在现行 GDP 核算的基础上，减去自然资源耗减和环境污染损失、生态破坏成本，再加上生态效益（主要指生态产品的价值）。具体核算公式为：绿色 GDP=GDP- 自然资源耗减价值 – 环境污染损失成本 – 生态环境破坏成本 + 生态系统服务价值。

重点生态功能区由于具有的特殊性导致其产业发展受限，与发展经济相比，主体功能更偏向于生态保护。相比传统的核算方法，绿色 GDP 核算更具有优势和精准性，更可以体现出经济社会发展所付出的资源环境代价，有助于正确引导之前地方政府的一些错误决策行为，纠正只片面追求产值而不顾及可持续发展的倾向。为此，要健全绿色绩效评估指标体系，推动绿色 GDP 核算用于评价和考核重点生态功能区的经济发展状况，使体系更加趋于科学化、合理化。使领导干部，尤其是重点生态功能区的领导干部能够正确看待经济增长与生态环境保护的关系，推动生态功能区政府更好地履行生态管理职责，促进江西省重点生态功能区经济、社会、资源与环境和谐发展。

（四）建立完善的生态评价规程和生态服务价值评估制度

针对不同的监测对象，必须要使用与之特征相匹配的生态环境质量监测指标体系。对重点生态功能区的生态补偿，离不开完善的生态评价规程和生态服务价值评估制度建设，也离不开生态环境测度的基础设施建设。首先，依据江西省数字化管理平台，将生态评价规程和体系信息化、智能化，是对实现生态补偿公平公允的基础性保障。其次，借助行政主管部门，着力培育非政府环境监测组织，利用技术数据建立科学化监测体系，作为定性和定量补偿的依据，使用舆论压力效应、权威性资讯，强化政府自身行政公信力、执行力，逐步促使补偿程序规范化运行、补偿方案精准化走向，改善政府主导的补偿模式效率不高等问题，让江西重点生态功能区的生态补偿可持续、见成效。最后，还要健全生态服务价值评估制度，主要做好以下三个方面的工作：一是建立专门的生态价值评估机构，对生态环境而言，鉴于其覆盖面广、地形复杂、环境差异大，不易测度等困难，在很大程度上需要依赖高科技技术和专门人才，其专业性、科学性、复杂性均要求较高。因此，建议江西从省级层面牵头建立专业性的价值评估机构，并拨出专款承担相关费用开支。二是建立一套重点生态功能区专属的评估体系，效仿会计师事务所，委托独立第三方评估机构，将这种评估常态化，确保评估结果的客观性。三是持续完善评估方法，只有采用可操作性、可落地的科学评估方法才能得出令人信服的评估结果。从长远来看，完善的生态价值评估方法体系是健全重点生态功能区生态补偿机制、合理确定生态补偿标准的关键环节。

四、江西重点生态功能区生态补偿示范的保障机制

（一）持续加大投入，为"生态补偿示范"提供物质保障

主要在以下几个重点领域加大投入：一是支持重点生态功能区小流域及中小河流治理投入，对水质类别达到考核要求、水质有提升的市县予以奖励，全面建立"有专人监督、有检测设施、有考核标准、有长效机制"的中小流域综合管制模式，促进流域"水清、河畅、岸绿、生态"。二是推进重点生态功能区农村环境投入整治，积极开展"新家园专项活动"、垃圾转运站建设，直接根除农村整体、整块、整区环境问题，支持农村生活污水处置和垃圾处理设施等方面建设。三是集中在重点生态功能区实施污水和生活垃圾处理PPP工程包投入，落实好针对村镇污水处理的设施，在生活垃圾处理领域新建项目中"强制"应用PPP模式，通过创新项目生成方式，增强项目可经营性，提高项目整体吸引力，根除乡镇农村偏远地区污水、生活垃圾处理难的顽疾，真正使广大群众受福受惠。四是在重点生态功能区大力推进节能降耗措施投入，安排专项资金，支持实施节能技改财政奖励政策，发展循环经济，产能一旦落后必须退出建设机制，同时综合运用财政补助、奖励和差别电价等手段，逐步取缔落后产能。积极争取中央支持，加快重点生态功能区可循环发展能力和可持续发展能力建设。五是持续推进重点生态功能区造林绿化投入，针对各种原因形成的荒山和闲置地，省级财政要加大造林绿化投入，积极完成植树造林目标，同时，积极支持绿色富民产业发展，实现"不砍树也致富"的目标。

（二）发挥文化效能，为"生态补偿示范"提供精神动力

在重点生态功能区的生态补偿方面，重点需要提升自身"造血"能力，不仅要扶"志"，更要扶"智"，开展多种形式的"强化内功"行动。结合地区实际，开展"互联网+"行动，推动重点生态功能区从"生态+"转变为"生态佳"。组建覆盖全省的电商技能培训中心，把专业化的电商

扶贫讲师团落到实处，在全省重点生态功能区开展"电商培训进乡镇"行动，实施"万名电商扶贫培养计划"。开展"农家书屋＋电商"模式，推动农家书屋转变性质，朝着更深层次升级，让越来越多的群众享受到更优质的文化资源，助力生态补偿的"造血"能力提升。一是推动传统农家书屋向新型数字化、移动化方向转型升级，向纵深挖掘跨学科、融学科式地探索书屋转型升级路径、新媒介新技术应用于农家书屋工程的具体开发和设计方案，如内容资源配置、管理服务、考核方式等（岳琳，2018）。二是针对不同类型的重点生态功能区，要从实际出发，根据各自经济实力探索不一样的标准和模式（藏书量、书屋面积、报纸期刊种类等）。三是建立图书更新机制，确保每个书屋所拥有的图书都要有时效性和及时传递性，杜绝出现过期书刊，防止"形象工程"的突然兴起或者"摆花架子"以致难以持续，提高书刊的使用效率。四是加快构建农家书屋服务体系建设，这是重点生态功能区公共文化建设中的重要内容，"设施是根基，内容是核心，队伍是关键，机制是保障"，必须紧紧依靠这四个维度不断创新方式保障执行力。

（三）形成政策合力，为"生态补偿示范"提供政策支撑

一是进一步完善相关政策架构，为"生态补偿示范"提供法律保障。可围绕生态补偿的体制机制、具体举措、主要成效、考评考核、公众参与等整合相关领域的政策法规，重点在生态补偿示范机制、示范成效、可复制性、可推广性等方面创新政策举措，为在全社会形成良好的环境生态补偿体系奠定制度基础，并通过政策和法规的完善为生态补偿的可持续性提供制度保障。因此，需要在进一步明确政府责任的基础上，提高政府部门对重点生态功能区生态补偿体系建构意义的认识，并整合和完善相关政策，形成政策合力（王衍榛，2014）。二是进一步完善重点生态功能区的产业政策，为"生态补偿示范"提供产业保障。紧紧围绕"产业支撑、创

新引领、完善服务、政策保障"的思路，在产业规划、财税金融、人才引进等方面，对涉及生态产业的市场主体加大扶持力度，持续构筑生态产业发展的政策、资金、人才三大保障，形成在生态产业发展领域的强大工作合力；延伸生态产业链条，夯实生态产业基础，促进生态产品价值转化，提高生态产品附加值，为"造血式"生态补偿筑牢产业之基。三是进一步完善重点生态功能区的保障举措，为"生态补偿示范"提供后劲保障。既要依靠市场的资源配置性作用，相关政府部门又要在"生态补偿示范"方面通力配合；政府部门要坚持规划统一，把优势资源进行整合和运用，在"育主体、畅渠道、强服务、优环境"等方面要强调政策落实的精准化；探索以奖代补、政府购买服务等方式，重点对重点生态功能区特色产业基地、电商扶贫服务网店、产品传播推广、专业人才塑造、储运设施建设等领域进行扶持（王鹤霖，2018），创新"生态补偿示范"的服务方式。

（四）激发基层活力，为"生态补偿示范"提供机制保障

全省全面贯彻落实习近平生态文明思想，以生态文明试验区（江西）建设为契机，牢固树立和践行"绿水青山就是金山银山"的发展理念，高举"两山"旗、唱"两山"歌、走"两山"路，以马前卒的精神、桥头堡的气势，当先锋、做猛将，"活机制，强组织，实保障，创实效"，努力探索和总结美丽中国"江西样板"的生态补偿经验，力图让绿色发展释放出更多生态红利，推动重点生态功能区生态补偿的成果向全省乃至全国推广，充分彰显生态文明试验区（江西）建设的制度成果。生态补偿机制是否有效、是否持久、是否可示范、是否被接纳，关键在于如何激发基层活力，为"生态补偿示范"保驾护航。

主要考虑从以下几个方面激发基层活力：一是通过制度建设护航基层创造力，以体制机制"双向供给"为先导，着力构建生态治理长效机制、

生态保护常态机制、生态产业转型机制、生态共享共治机制、生态责任落实机制，实现从"审 GDP、审经济发展指标、审钱"到"审天、审地、审空气"这样考核标准的转变，为各基层主体"减负松绑"。二是通过生态环境保护聚拢基层共识，坚持生态环境保护和治理"双向发力"，用更严密的举措保护生态"存量"，坚守红线护绿同行、山水林田湖草系统治理，铁腕护绿，用更严格的治理弥补生态"欠账"，始终把生态保护和污染防治摆在突出位置，对基层各主体的生产方式、生活方式和思维方式进行系统变革。三是通过绿色发展让基层各主体共享发展成果，以绿色为载体，大力发展生态经济，实现生态、经济"双轮驱动"，推动产业向绿色化、智能化方向发展，聚焦服务业，推动服务业规模化、品牌化发展，促进生态文明建设共建共享"双方联动"，让人民群众共享绿色发展成果。

（五）聚焦多元互动，为"生态补偿示范"提供组织保障

重点生态功能区生态补偿组织保障体系要面向多层次、走向多形式、趋于多领域，形成取长补短、优势共享的多元互动模式。结合江西省重点生态功能区生态补偿的实际，结合兄弟省份的有效经验，江西"生态补偿示范"的组织保障需要在四个方向上发力：职能集中、多样化、全面和重点相结合以及可操作性。

关于生态补偿示范的职能集中，在目前重点生态功能区建设的体系中，没有专门的生态补偿组织和机构，相关部门职责也存在一定重叠和交叉，机构职能划分模糊，管理人员权责不清，严重制约了生态补偿的示范效果，江西省重点生态功能区"生态补偿示范"是一项系统工程，需要解决"九龙治水"的组织低效，需要全省各职能部门和各级地方政府有效配合、协同推进，变"九龙治水"为"攥指成拳"，全面提高"生态补偿"的示范成效。

关于生态补偿示范的多样性，江西重点生态功能区的"生态补偿示

范"需要强化三个层面的多化性：一是在地区生态补偿模式的选择上，各地需要处理好一般性和特殊性之间的关系，既需要关注生态补偿的普世原则和成功经验，更要注重结合地方实际探索适合地区发展的生态补偿模式，以补偿有效性为原则，鼓励不同地区生态补偿模式的多样化。二是在生态补偿的不同领域，如生态环境保护与治理、绿色产业体系构建、美丽家园建设、体制机制创新等方面需要强化重点生态功能区生态补偿形式的多元化。三是在生态补偿的不同对象上，如森林、土壤、河湖、湿地等，需要根据破坏程度的差异（如破化程度大小、影响深远等）设计多元化的生态补偿手段，不能搞"一刀切"。

关于生态补偿示范的全面和重点相结合，既需要注重自上而下的顶层设计和高层谋划，又需要鼓励自下而上的基层探索和先行先试。在生态补偿的覆盖面上，首先需要确保重点生态功能区生态补偿的全面覆盖，充分利用好各级财政转移支付资金做好生态补偿试点示范工作，严守生态保护红线，布局重大生态示范方程、筑好全国生态屏障；在非重点生态功能区，要严格落实国土空间规划布局，在重要的生态区域内，在开展生态补偿重点着眼的同时，也要在坚持"保护优先，兼顾发展""保护是为了更好的发展"的理念下，重点发展大数据产业、大健康产业、战略性新兴产业、高新技术产业等"互联网+""生态+"产业，全面构筑生态化的产业体系，给生态补偿"造血""供血"。

关于生态补偿示范的可操作性，可操作性不仅是生态补偿能否取得预期成效的关键设计，还是刻画生态补偿示范价值高低的重要特征。强化可操作性，可以从以下几方面着手：一是建立起协调配合、综合利用、各尽其能、优势互补的生态补偿专业化组织，全面整合各方职能，实现"专业机构负责专业的事"。二是强化环节控制和结果考核，充分发挥政府的主导作用，做好生态补偿示范的监督管理，强化对机构和领导干部的过程和结果考核，将考核结果融入干部考核体系，考核结果优秀的干部在评优评先、职务升迁等方面优先考虑。三是吸纳社会力量参与，综合施策，积极吸纳和引导"两代表一委员"、生态补偿主客体、环保组织、社会各界等广泛参与，营造良好氛围，激发和培育公民的生态参与意识。通过以上立体化的组织和制度设计，全面提升生态补偿示范的可操作性。

五、本章主要观点

江西省重点生态功能区生态补偿示范机制的打造要从"点—线—面"入手，以"点"为基准，固点扩面，梯次推进江西重点生态功能区生态补偿的示范机制，打造好生态补偿资金"五个点"，承接好生态补偿法律法规"一条线"，保持好生态补偿共同参与"一个面"。组织机制上，明晰分工，厘清理顺架构权责，要"以政府为领头、以群众和社会动员为执行者、以高质量的示范框架和示范点为核心"，将政府放置于主导地位，社会放置于主体地位，把示范效果真实化，把补偿标准明确化，把推广对象延伸化。江西省打造重点生态功能区生态补偿示范模式，应采取"政府理念和契约责任为内容、提供农民新收入源为有效手段、多方主体参与和高效管理机构为约束制度"的运行机制。考核机制上要着力解决考核评价目标和内容不够明确（体系不够完善）、考核评价主体单一（过多依赖政府）、考核方法过于简单（无法真实体现效果）、考核标准不够规范（缺乏科学依据）等问题。最后，在保障机制上要加大投入、通过培训形成方式保障、政府政策形成合力、开展示范活动激发活力、严格考核结果标准上下功夫。

第八章　兄弟省份重点生态功能区生态补偿的实践现状与经验启示

福建省、贵州省是与江西省同一批列为国家生态文明试验区建设的省份，青海省则是与江西省同一批列入全国生态文明先行示范区建设的五个省份之一，浙江省既是全国最早被列入全国生态文明建设示范区的省份之一，又是习近平总书记"两山理论"的诞生地，梳理、归纳和总结这些省份在重点生态功能区开展生态补偿的实践经验，尤其是梳理总结这些省份在重点生态功能区开展生态补偿的主要模式、先进经验和主要政策等相关情况，总结对江西重点生态功能区生态补偿的经验启示，具有重要的现实价值。

福建、贵州、青海、浙江等省份在开展重点生态功能区生态补偿的工作中，始终坚持以习近平总书记提出的"两山理论"为指导，将重点生态功能区生态补偿作为全省生态文明建设的重要内容和主要抓手，在体制机制创新、模式探索、举措落地有效等方面都下足了功夫，在生态文明试验区建设，尤其是重点生态功能区生态补偿等方面的探索成效显著，值得江西省学习借鉴。鉴于这些省份将重点生态功能区的生态补偿融入生态文明建设的实践探索中，本书从重点生态功能区生态文明建设的视角进行经验总结。

一、福建重点生态功能区生态补偿的实践与经验

在国家层面上，福建省生态文明建设的实践与探索一直处在领跑位置，2014 年 3 月，福建省成为全国第一个生态文明先行示范区，2016 年 6 月，福建省再一次成为全国首个国家生态文明试验区。依据 2016 年的《关于同意新增部分县（市、区、旗）纳入国家重点生态功能区的批复》，福

建省有 9 个县市被批准列入国家重点生态功能区，占全省 85 个县级行政区划单位的 10.59%。为此，福建省根据《国务院关于编制全国主体功能区规划的意见》《全国主体功能区规划》等文件精神，出台了《福建省主体功能区规划》，进一步推动福建省形成科学的主体功能区规划。在《福建省主体功能区规划》中，将重点生态功能区划分为限制开发区域和禁止开发区域，强调重点生态功能区的主体功能是提供生态产品，其他功能是提供农品、服务产品及工业品。随着《福建省主体功能区规划》的落地实施，福建省各级政府实施了一系列的改革举措，旨在强化福建全省重点生态功能区的生态文明建设，取得了突出成效。因此，福建在重点生态功能区开展生态补偿的宝贵经验，将会为江西重点生态功能区生态补偿的实践探索提供重要参考。

（一）以制度建设为核心推动重点生态功能区生态补偿规范化、法制化

福建省积极围绕重点生态功能区开展制度建设，2016 年《福建省开展市场准入负面清单制度改革试点总体方案的通知》中指出，对于限制性开发的重点生态功能区将开展生态保护与修复工程，加强生态产品的产出，进一步引导人口有序适度转移，而对于禁止开发区的重点生态功能区将实施强制性的保护，对于不利于重点生态功能区的各种开发活动，全部进行关停的处理。依据 2017 年福建省出台的《市场准入负面清单草案》，负面清单上的项目数量达到了 328 项，对各行各业的准入条件都进行了系统阐述。依据《省直部门 2017 年第三季度放管服改革具体措施》，为进一步推进市场准入负面清单制度的改革试点工作，要求永泰县（市）等 9 个国家重点生态功能区必须编制产业准入负面清单，以此加强对重点生态功能区生态保护的规范化。为更进一步实现经济发展与环境保护的双赢局面，根据《泉州市人民政府关于健全生态保护补偿机制的实施意见》，完善重点

生态功能区的生态保护财力转移支付制度，建立相对稳定的投入机制，进一步加大对重点生态功能区的资金投入，以此提高重点生态功能区对于环境保护的积极性。

（二）以林权制度改革推动重点生态功能区林业生态补偿制度创新

一是在重点生态功能区推行商品林赎买改革。为破解林农利益与生态保护之间的利益冲突，2017年1月，福建省出台实施《福建省重点生态区位商品林赎买等改革试点方案》，通过"购买＋改造提升""赎买＋合作经营""赎买＋生态补偿"等多样化赎买模式，协调林农利益与生态保护之间的矛盾，通过集财政资金、社会资本和社会捐赠资金于一体来破解赎买资金困难，并通过因地制宜落实管护责任、加强科学经营来提升林分质量和生态功能，实现"生态得保护，林农得利益"的经济效益、生态效益和社会效益的共同提升。二是创新"福林贷"林业金融产品，打通重点生态功能区"两山"转化通道。为盘活林农林权，破解林农贷款难、担保难问题，福建省通过规范"福林贷"产品特性、规范担保方式、规范收费标准、规范全流程管理、建立和完善风险防控机制、强化贷款资金使用督导，最终激活了林木的金融价值，盘活了林业资产，防范了林业金融风险，促进了林农增收致富。2017年12月，福林贷"的成功经验经由原中国银监会、原国家林业局、原国土资源部联合印发的《关于推进林权抵押贷款有关工作的通知》（银监发〔2017〕57号）向全国推广，产生了巨大的社会效益。

（三）发展绿色低碳经济，推动重点生态功能区生态补偿"造血"能力提升

福建省一方面加大对于重点生态功能区的生态保护力度，另一方面继续在重点生态功能区生态承载力的范围内，大力发展绿色、低碳经济，推

动重点生态功能区生态补偿由"输血补偿"向"造血补偿"转变。依据《南平市"十三五"旅游业发展专项规划的通知》，为进一步加快推进武夷山旅游示范区建设，实现绿色、低碳旅游行业发展，进一步完善生态环境的评价制度，严格遵守生态保护红线，做好旅游行业与重点生态功能区的衔接。兼顾多方利益，加快旅游资源有偿使用核心制度建设。《福建省"十三五"农业发展专项规划的通知》进一步指出，在重点生态功能区中坚持生态保护与经济发展并重，在生态保护中发展特色农业，对农业生产的规模总量进行控制，发展绿色、低碳的农业产业。

（四）创新流域跨区域补偿机制，推动重点生态功能区生态补偿的区域协同

2016年3月，闽粤两省签订了汀江—横江横向生态补偿协议，两江水质得到了很大程度的改善，这不仅得益于两省的通力协作，更得益于对跨区域生态补偿制度的探索。与以往上游补偿下游不同，这次补偿不再是单方向补偿，而是采取双向补偿机制，形成了两省共同管制水体的局面，推动构建了跨省流域生态环境保护的长效机制，推动重点生态功能区生态补偿区域协同制度创新。这既是对生态补偿制度的大胆尝试，又可在其他重点生态功能区实施相应的生态补偿制度起到很好的经验示范作用。

（五）通过强化政府监管，推动重点生态功能区生态补偿落地见实效

（1）探索推进实施领导干部自然资源资产离任审计，为重点生态功能区的生态补偿夯实基础。①完善制度体系建设，以2017年6月出台的《福建省党政领导干部自然资源资产离任审计实施方案（试行）》（闽委办发〔2017〕23号）为基础，各地市相继出台配套政策文件，明确了领导干部自然资源资产离任审计是全省生态文明绩效评价考核制度体系的主要组成部分。②创新组织方式，先后采取了"结合型""专项型""独立型"三

种组织方式，有序推进审计试点工作顺利落地。③借助科技力量，充分利用地理信息技术、GPS 技术、自然资源资产审计大数据平台建设，拓宽审计方法与路径，从空间层面破解资源环境审理难题。④通过及时掌握国家政策最新动向、做好资源调查工作、制定优化审计实施方案等举措，将审计试点准备工作做实做细，围绕"审什么"突出三个重点，围绕"如何审"突出四个运用，围绕"如何评价"突出三张表格，围绕"如何定责"突出三个原则，围绕"如何运用"突出三个促进，构建市县乡三级审计监督链条，切实发挥领导干部自然资源资产离任审计在重点生态功能区生态补偿工作中落地生根见实效。

（2）探索生态环境保护"党政同责"新机制，为重点生态功能区生态补偿保驾护航。①通过以上率下抓同责，纵向延伸抓同责，横向向纪委、组织、宣传、政法、机构编制等党委部门拓展抓同责的方式，进一步深化"党政同责"新机制。②通过从新增绿色发展指标、细化生态保护指标、单设群众满意指标、突出差异评价指标等方面建立健全生态环境指标体系，推动生态环境保护重心由"末端治理"向"全程管控"转变。③通过建立常态化监督检查机制、"一季一通报"机制、全覆盖督察机制、突出问题专项督查机制，推动生态环境监管机制由"督企为主"向"督政督企并重"转变。④从干部选拔任用、年终绩效考评、监督执纪问责等方面强化约束考核，推动生态环境保护绩效由"软要求"向"硬约束"转变。

（六）通过与脱贫工作融合，推动重点生态功能区生态补偿以民生为本

2016 年 6 月 12 日，福建省人民政府办公厅印发了《福建省"十三五"扶贫开发专项规划》，率先提出生态扶贫的理念，规划中指出：将大力助推绿色产业，将扶贫与生态文明建设相融合，聚焦开放式的生态经济发育发展，狠抓 23 个重点贫困县的扶贫工作。将环保绿色产业和项目向 23 个

重点贫困县、贫困村倾斜，推动生态补偿向贫困地区延伸。大力开展符合地区发展实际的生态旅游、绿色产业、生态搬迁等，鼓励更多林业专业合作社、股份合作林场等新型经营主体发展，并力促在 2020 年达到 5000 家规模，带动建设经济示范基地 250 万亩，打造星级森林示范点 50 个，构建乡村生态景观林 1 万亩。其次要大力开展对贫困地区的整体环境防治，尤其是加强对地质公园、水源、湿地等重点生态功能区的保护，加大退化、污染、毁损农田改良和修复力度，推动生态补偿向地质公园、水源、湿地倾斜。2017 年 10 月《南平市人民政府关于健全生态保护补偿机制的实施意见》中明确提出，在重点生态功能区内，将结合生态保护补偿推进精准扶贫工作，重点生态功能区在转移支付上将更多考虑当地贫困地区的实际情况，提高投入力度和适度扩大范围，让贫困地区能够依托当地生态资源，更好地发展绿色产业，提高贫困农户收入水平，并通过生态补偿政策，对重点水土流失治理区贫困户给予生活补助。

二、贵州重点生态功能区生态补偿的实践与经验

2014 年 6 月，《贵州省生态文明先行示范区建设实施方案》得到了国家相关部委批复。2016 年 8 月，中共中央办公厅、国务院办公厅印发的《关于设立统一规范的国家生态文明试验区的意见》将贵州省纳入国家生态文明试验区建设。继 2010 年 12 月赫章县、威宁彝族回族苗族自治县、平塘县、罗甸县、望谟县、册亨县、关岭布依族苗族自治县、镇宁布依族苗族自治县、紫云苗族布依族自治县等九县第一批列入国家重点生态功能区后，2016 年 9 月 29 日国务院印发《关于同意新增部分县（市、区、旗）纳入国家重点生态功能区的批复》，进一步将赤水市、习水县、江口县、石阡县、印江土家族苗族自治县、沿河土家族自治县、黄平县、施秉县、锦屏县、剑河县、台江县、榕江县、从江县、雷山县、荔波县、三都水族

自治县等十六县纳入国家重点生态功能区。截至 2019 年 6 月，贵州全省有 25 个县市被纳入国家重点生态功能区，占全省 88 个县级行政区划单位的 28.41%。作为同时列入国家生态文明试验区建设的省份，学习借鉴贵州重点生态功能区开展生态补偿的实践经验和制度成果，对江西探索更加有效的重点生态功能区生态补偿实践具有重要价值。

（一）通过构建和完善重点生态功能区的制度体系让生态补偿有章可依

（1）在全国率先建立生态文明建设目标评价考核制度。进一步完善评价指标体系，在含 45 项指标的国家指标体系基础上，结合贵州省情添加了 4 项指标，使评价指标体系更能反映贵州实际。以《贵州省绿色发展指数统计监测方案（试行）》（黔生态办发〔2017〕8 号）为指引，构建整体指标体系，测算绿色发展指数。以《贵州省生态文明体制机制创新和工作亮点评分细则（试行）》（黔生态办发〔2017〕4 号）为遵循，从体制机制创新和工作亮点两大方面对各市（州）开展评分。从 2017 年起，贵州省每年开展生态文明建设目标评价考核，发布各市（州）绿色发展指数，考核结果作为党政领导班子和领导干部综合评价、干部奖惩任免、相关专项资金分配的重要依据，极大地提升了全省生态文明建设的成效。

（2）在全国率先实现生态环境资源司法体系全覆盖。2007 年 11 月，为通过司法手段治理跨区域生态环境问题，贵州省成立了贵阳市中级人民法院环境保护审判庭和清镇市人民法院环境保护法庭，在全国率先探索环境司法转化的实践。2014 年 4 月，贵州根据全省大江大河流域及山脉走势，将全省划分为 5 个生态司法保护板块，并在综合考虑各种因素的基础上，在清镇市、怀仁市、遵义县、福泉市和普安县五个基层法院，及与五个基层法院对应的贵阳市、遵义市、黔南州、黔西南州四个中级人民法院和省高级人民法院设立生态环境审判庭或人民法庭，在划定的生态司法保护板块内，实行生态环境保护民事、行政案件跨市、州级行政区域的集中管辖，由此形成了全国首创的贵州省"145"跨区域环保审判格局。2017年5月，依据《关于在全省法院设置环境资源审判庭等事项的批复》，贵州专门化环保审判格局由原来的三家法院10个专门化环保审判庭机构扩展为29个，实现中级人民法院环境资源审判机构全覆盖，机构名统一规范更名为"环境资源审判庭"，最终探索出了生态环境资源审判的"贵州模式"。

（3）建立和完善重点生态功能区的负面清单管理制度。贵州省在重点生态功能区的保护和建设上，一直存在边界不清晰、产业准入不明等问题，制约着重点生态功能区的发展。为进一步完善重点生态功能区的制度体系，2014年，贵州省出台了《贵州省固定资产投资负面清单（2014年）》，进一步明确了重点生态功能区产业准入的负面清单，将产业准入的相关问题进一步规范化。这不仅对重点生态功能区更好地坚守底线原则起到了促进作用，而且对重点生态功能区依据自身生态环境状况，根据产业准入负面清单来调整产业体系和发展导向提供了制度遵循。

（二）通过逐步完善生态环境损害赔偿制度，为生态补偿保驾护航

（1）建章立制，让生态环境损害赔偿有规可依。贵州省先后制定实施了《贵州省生态环境损害赔偿制度改革试点工作实施方案》《贵州省环境污染损害鉴定评估调查采样规范》《贵州省生态环境损害重大复杂案件会商机制》《贵州省生态环境损害赔偿制度改革试点工作联络及信息报送机制》等制度规范，明确了生态环境损害的赔偿范围、责任主体、索赔主体、损害赔偿解决途径、鉴定评估管理技术体系、资金保障运行机制等，基本建立了全省生态环境损害赔偿制度体系。

（2）加强配套，夯实生态环境损害赔偿基础。成立省级生态环境损害司法鉴定机构，建立全国首个地方生态环境损害鉴定评估专家库（贵州省

生态环境损害鉴定评估专家委员会），推动生态环境损害评估专业化和科学化。加强生态环境保护审判机构能力建设，推动全省环境资源审判机构全覆盖。完善环保审判专家陪审员制度和专家咨询制度，聘请专业人士建立生态环境保护人民调解委员会，承担环境公益诉讼及其他环境法律事件。

（3）构建机制，探索生态环境损害修复治理。围绕生态环境修复，探索推进义务人自行修复模式与经验，同时建立义务人自行修复的相关制度规范。

（三）通过全域生态旅游筑牢重点生态功能区生态补偿之基

（1）制定生态旅游规划，开展生态旅游资源大普查，摸清全省生态旅游家底。贵州省先后编制出台了《贵州生态旅游发展规划及案例研究》《贵州生态文化旅游创新区产业发展规划》等省级生态旅游规划，推动重点生态旅游资源整合、联动协作、抱团发展，通过成立旅游警察、旅游巡回法庭、全域旅游法律服务中心等机构提供全方位旅游服务。

（2）制定生态旅游发展考评办法，完善全省旅游统计制度和旅游业发展评价办法。加强对各县区开展旅游发展评价，把生态旅游产业发展情况纳入全省各地经济社会发展总体目标责任体系进行严格考核，考核结果作为评价各级党政领导班子和主要领导干部实绩的内容，并作为选拔任用和奖惩的依据，使全域生态旅游工作上升为党政"一把手"工程。

（3）创新生态旅游发展投融资体制机制，打通旅游资源开发与金融支撑之间的壁垒。全面清理涉旅审批事项，探索建立旅游投融资项目审批首问负责制，鼓励各类银行加大对旅游重点项目建设的信贷支持。设立旅游产业发展基金，支持旅游企业开发旅游证券化产品，推动一批旅游企业在新三板上市，鼓励国有企业参与生态旅游资源开发和投资。

（4）多样化探索"生态旅游+"发展模式，推动绿水青山转化为金山银山。积极探索"生态旅游+扶贫"发展模式，实施九大旅游扶贫工程，出台贵州乡村旅游标准，打造全国乡村旅游创客示范基地和全国旅游规划扶贫示范项目，带动贫困人口就业增收脱贫，让贫困群众充分享受生态旅游发展红利。创新探索"生态旅游+互联网"发展模式，成立贵州"旅游+大数据"平台，全面覆盖线上线下生态旅游渠道。组建贵州旅游大数据中心，建立并上线运行智慧旅游一站式服务监管平台和应急智慧平台（云游贵州APP）。搭建贵州旅游信用信息系统，实施贵州省旅游购物退货试点实施办法，在全省设立旅游购物退货监理试点51家，全力保障游客利益。

（四）推动重点生态功能区的环境质量考核日常化

为了进一步加强对各重点生态功能区的环境质量监督考察的力度，提高对各重点生态功能区生态问题的发现率，贵州省在2016年发布了《关于加强我省国家重点生态功能区县域生态环境质量日常监督管理的通知》，强化了对重点生态功能区的环境质量考核：首先要求各级政府要加强对转移支付资金的管理，进一步加强对自身生态环境的保护，改善环境质量；其次强化对18个被考核县市的环保督察，环保厅和财政厅会不定时地对重点生态功能区进行突击检查。根据环保部《关于2016年国家重点生态功能区县域生态环境质量考核结果的通报》的结果来看，贵州省各重点生态功能区表现良好、生态环境向好，18个被考核的县市中有14个县市的考核成绩稳中有升。

（五）推动重点生态功能区生态补偿机制创新

长期以来，贵州省就一直在探索重点生态功能区的生态补偿机制。早在2015年，赤水市被列入国家重点生态功能区转移支付城市以来，就积极探索建立生态补偿机制并取得良好成效。主要做法如下：一是政策制度先行，赤水市在2015年制定了《赤水市生态红线划定方案》，确定了生态功能区的红线保护区域的范围，对总面积514.73平方公里的生态红线区域进行分级管理；依据《赤水市林业资源生态保护红线实施方案》和《赤水市基本农田生态保护红线实施方案》，成立了风景名胜区管理局、桫椤保护区管理局、地质公园管理局、世界自然遗产地管理局以及长江珍稀鱼类保护区赤水管理站等重点生态功能区管理部门，对重点生态功能区生态环境进行有效管理。二是生态工程筑基，在重点生态功能区建设了湿地保护、废弃物治理、水源保护、水质监测站、空气监测站等一系列生态补偿的基础工程，实现对水质、空气、土壤等生态环境的全面监管，夯实了开展生态补偿的基础。三是激活生态补偿机制，在生态补偿机制创新方面，明确了补偿对象，对于毁坏、盗取重点保护植物的行为，采用复绿补植和缴纳生态补偿金两种方式开展生态补偿；黔东南州率先在全省建立横向生态补偿机制，在清水江流域开展生态补偿机制试点等；黔东南州法院探索建立重点生态补偿区森林砍伐方面的生态补偿机制，从司法上作出了有益探索。

（六）推动重点生态功能区生态补偿，助力脱贫攻坚战略落地见实效

（1）制度上推动重点生态功能区生态补偿助力脱贫攻坚。依据《关于健全生态保护补偿机制的意见》，在推进生态文明建设的进程中，更需要兼顾各个方面，将重点生态功能区的规划、生态补偿制度的建设与全面脱贫工作有机地结合。2018年9月，《铜仁市生态扶贫实施方案（2018—2020年）》落地实施，在方案中确认了公益林生态效益补偿、退耕还林资金补助、营造林项目资金补贴、转为生态保护人员工资收入、林业资源资产资金入股、林业"碳汇"交易收益等林业生态补偿脱贫措施，以及发展林业特色产业、发展木竹原料产业、发展林下经济产业、发展林产加工产业、发展森林旅游产业等林业产业发展脱贫措施。并且还制定了相应的生

态补偿制度的流程图，措施方案清晰可见[①]。与此同时，剑河县也一直主推生态脱贫主基调，依靠重点生态功能区的转移支付以及森林生态效益补偿制度，使林区 1500 多名贫困户成功实现脱贫，实现了环境保护与经济发展齐头并进的局面。

（2）机制上推动重点生态功能区生态补偿助力脱贫攻坚。贵州聚焦推动"大扶贫、大数据、大生态"有机融合，探索开展"互联网+生态建设+精准扶贫"新机制，创新性地推出了单株碳汇生态扶贫新模式。第一，该生态扶贫模式将建档立卡贫困户在林地权属清楚的土地上人工营造的树木，统一编上唯一身份证号，拍好树木照片，按照科学方法测算出碳汇量，上传至贵州省单株碳汇精准扶贫平台，向社会进行销售，购碳资金直接进入贫困户个人账户，成功将"绿水青山"转化为"金山银山"。第二，建立配套制度，确保单株碳汇生态扶贫精准有效。首先，要求参与对象是 2014 年以来建档立卡、拥有符合条件林业资源且自愿参与的贫困户；其次，参与的树木必须是贫困户拥有林权证、土地证的人工造林；再次，对参与的林地规模作了严格限制，并且碳汇测算是严格按照中国质量认证中心开发的《贵州省单株碳汇项目方法学》进行，方法科学、合理；最后，每一棵树木碳汇每年只能被购买一次，不影响林农对林木的所有权，并且购碳资金通过平台全部分给贫困户。

三、青海重点生态功能区生态补偿的实践与经验

青海地处青藏高原，有"中华水塔""三江之源"之称，独特的地理位置造就了青海在我国整个生态系统中的重要性。2014 年，青海省全境列入全国生态文明先行示范区。为了保护好生态环境，确保"一江清水向

---

① 贵州铜仁市出台 2016 年林业生态补偿脱贫实施方案[EB/OL]. http://www.forestry. gov.cn/portal/main/s/102/content-871446.html.

东流"，青海省在生态环境建设上可谓下足了功夫。长期以来，尤其是党的十八大以来，青海以习近平生态文明思想为指引，坚持环境保护与绿色发展并重，积极构建绿色生态经济体系，努力践行"生态保护优先"的发展理念。截至2019年6月，青海省已经有21个县市被选入国家重点生态功能区。但事实上，从2013年《青海省重点生态功能区转移支付试行办法》（青政办〔2013〕131号）发布以来，已经陆续有30个县被纳入了重点生态功能区转移支付考核县，占全省41个县级行政区划单位的73.17%。由此可见，重点生态功能区是青海省所占国土面积最大、影响最广泛的主体功能区。鉴于此，对青海重点生态功能区生态补偿（尤其是三江源生态补偿）实践的梳理、归纳和总结，有助于为江西重点生态功能区生态补偿（尤其是流域生态补偿）的创新实践提供重要参考。

（一）持续推进生态工程建设，狠抓重点生态功能区的环境保护

鉴于特殊的地理位置和独特的生态地位，青海省对重点生态功能区提出的第一要义是"保护好生态环境"，承担起守护国家安全屏障的重要使命。为强化使命担当，青海省对全省的重点生态功能区重点明确了以"生态保护工程建设为抓手，环境保护摆在首位"的发展思路。青海以三江源区、祁连山、青海湖流域等地为主，先后投入资金100亿元，主要建设了包括天然林保护、水土资源保护、防护林建设等项目在内的一批重大生态工程，使青海省的生态环境得到了全面提高，特别是荒漠化问题、水资源问题得到了明显改善，也让生态环境走上了良性循环的道路。并且为了更好地监督各重点生态功能区的环境改善的状况，青海省在2016年提出了建设生态之窗的远程环境监控系统。到2019年为止，监测点已经达有20多个，目标是在2020年将监测点数量扩充到40个以上，对整个青海省的重点生态功能区实现全面覆盖的监控体系。

（二）构建重点生态功能区生态补偿政策制度框架

青海通过构建政策制度框架，让重点生态功能区生态补偿上行下效、有章可依。2015年，青海省出台了《青海省生态文明建设总体方案》，在该方案中明确了各级政府的责任和分工，提出了全省生态文明建设的总体解决方案。之后不久，青海省进一步出台了《中国三江源国家公园体制试点方案》，积极探索实施水土流失防治的资金补偿体制，出台矿业权有偿使用等相关意见。重点生态功能区生态补偿机制方面，青海省一直在努力开展体制机制创新，在已有三江源生态补偿的基础上，进一步将4个县市纳入国家转移支付的范围。2014年，青海省还专门针对三江源的生态补偿机制出台了《三江源水生态补偿机制研究报告》，主要是针对三江源地区上下游的补偿机制做出规定，以生态系统价值评估方法，系统评估三江源上游由于环境保护而给下游带来的生态溢价，从而量化下游地区需要支付给上游地区的补偿金额。总体上，三江源生态补偿资金，由三江源生态补偿机制确定的现行"1+9+3"教育经费保障、异地办学奖补、农牧民技能培训及劳务输出、扶持农牧区后续产业发展、生态移民生活燃料补助、生态环境保护与生态环境监测评估经费、生态管护机构运转、重点生态功能区日常管护和其他生态补偿等资金构成（刘晋宏、孔德帅、靳乐山，2019）。该补偿机制的落地，使得重点生态功能区生态补偿向科学化、可落地、可操作化方向迈进了一大步。

（三）推动重点生态功能区向绿色经济发展方式转型

青海省的重点生态功能区面积所占国土面积的比例是全国省级行政区中最大的，青海坚持"保护优先""保护是为了更好的发展"的发展思路，在对重点生态功能区的经济考核指标上，删去了GDP、工业化等经济指标，成为全国第一个取消重点生态功能区GDP指标的省份。在取消一些经济考核指标的同时，青海省依托自身的生态资源优势，在重点生态功能区大力推进生态产业化、产业生态化，主推农牧业、文化旅游业等绿色产业发展，构建绿色可循环的低碳经济体系。不仅如此，青海省还进一步推出了节约能源行动方案计划，在方案计划出台实施之后，全省单位生产总耗能得到了明显下降，逐步探索出了一条生态脆弱高原地区绿色、低碳、可循环的生态产业发展道路，全面推动了全省重点生态功能区向绿色经济发展方式转型，为全国重点生态功能区的可持续发展贡献了"青海方案"。

（四）出台重点生态功能区产业准入的负面清单

2017 年，青海省出台了《青海省国家重点生态功能区产业准入负面清单（试行）的通知》，主要目的是从产业准入角度进一步对全省重点生态功能区的生态环境保护提供制度遵循，主要瞄准祁连山水源重点生态功能区和三江源湿地重点生态功能区，针对全省 21 个国家重点生态功能区县市制定产业准入的负面清单。

四、浙江重点生态功能区生态补偿的实践与经验

浙江省是"两山"理论的发源地，长期以来，浙江省坚持生态浙江、绿色浙江、美丽浙江建设，将生态文明建设思想渗透到全省经济、政治、文化、社会等各个方面，取得了丰硕成果。截至 2019 年 6 月，浙江全省的国家重点生态功能区为 11 个县市，占全省 89 个县级行政区划单位的12.36%。尽管国家重点生态功能区县市在浙江全省所占比例不高，但浙江历来就高度重视以重点生态功能区为主要对象的全域生态文明建设，在生态补偿、制度建设、成效示范、成果输出等方面取得了瞩目成就，值得江西学习借鉴。

（一）始终把环境治理看作生态文明建设的重中之重

作为全国优化开发区域和重点开发区域，浙江省一直面临协调生态环境和发展经济冲突的现实问题。事实上，浙江省为了更好地将环境治理这

一基础性的工作做好，先后出台了诸如"一控双达标""关停十五小""大面积农村环境整治"等一系列环境污染整治的专项行动。通过这些行动，浙江省的生态环境得以明显改善，调适了生态环境保护与经济发展之间的关系。

在经过上述专项整治行动之后，从 2004 年开始，浙江省连续采取三轮"811"专项环境整治行动，前两轮"811"专项环境整治行动主要围绕环境整治，第三轮"811"行动则在内涵上进一步深化，主要聚焦生态文明建设。每轮"811"行动的内容、侧重点不同，含义也有差异。首轮"811"专项环境整治行动，从 2004 年开始到 2007 年结束，历时三年。第一轮"811"行动中"8"的含义是全省的八大水系以及运河和平原河网，"11"主要是指 11 个省级环境重点监管区。主要聚焦于污染治理，范围包括对各重点流域、区域以及企业的环境治理，在完成首轮的"811"专项环境整治行动之后，全省环境得到了明显改善，污染总排放量在一定程度上得到了有效控制，为后续"811"专项环境整治行动打下了基础。第二轮"811"专项行动是 2008—2010 年，历时两年，这一轮整治的主题是环境保护，第二轮"811"的内涵发生了变化，此时的"8"代表环保的 8 个方面，"11"代表 11 项环境保护措施。主要涉及面辐射到农村生活的污水治理、城镇垃圾的处理，实现了由第一轮污染物减排到工业污染防治的转变。可以说这一轮的专项整治行动相较于上一轮的行动，整合的面更加广泛有效。2011—2015 年，浙江省开展了第三轮"811"专项行动，重点聚焦生态文明建设，主要从绿色生态、生态产业、生态文明制度建设等方面展开。

为保障"治水"效果，浙江省推出"河长制"，通过具体河流责任到人、四级河长［省级、市级、县级、镇（乡）级］负责体系、明确河长职责等具体举措全面落实"河长制"，并采取建立健全全省河流档案库，建好治理项目库，明确治理时间表、责任表、考核表、任务书、责任人等措施，为污水整治工作保驾护航。在生态文明建设过程中，水的治理一直是浙江省生态文明建设主抓的一部分，为了更好地治理好全省的水资源，浙江省先后进行了"四换三名""四边三化""一打三整治""五水共治""三改一拆"等行动，取得了阶段性成效。

（二）持续狠抓制度建设，建立生态文明建设考核指标体系

"无规矩不成方圆"，浙江省在全面深化生态文明建设的进程中，围绕建章立制，构建可量化的指标，完善制度体系建设来推进生态文明建设向纵深发展。早在 2005 年，浙江省就出台了《关于进一步完善生态补偿机制的若干意见》，针对水资源的使用权、排污权开展了以行政化为主导的生态补偿模式探索，对于从河流上游地区搬迁到下游区域，抑或工业园区的企业，浙江省政府会对迁出企业给予适当财政补贴，以鼓励更多企业从生态保护区搬出，在一定程度上缓解了环境保护与经济发展的矛盾。2009年 3 月，《浙江省主要污染物排污权有偿使用和交易试点工作方案》出台，进一步强化了对浙江省从制度上加大对环境保护的力度。为强化生态屏障地区生态保护的积极性，保障全省生态安全，2006 年，浙江在全国率先开展以县为规划单元的生态环境功能区规划，2013 年 8 月《浙江省主体功能区规划》在全国率先发布，在空间上在编织了保护"绿水青山"的一张"生态安全网"。2012 年 9 月，浙江省委省政府制定了《浙江生态文明建设评价体系（试行）》，该评价指标体系包含 4 个领域，10 个方向，37 个可量化的指标，在全国率先建生态文明建设的考核制度。指标的多样化使得制度在考核上更加全面细致，尤其难能可贵的是，在生态文明建设评价体系上，浙江省还加强了环境法制建设以及执法监管体制的考核，这使得浙江省在生态文明建设考评上有章可循、有规可依，走上了科学化、规范化的道路。

党的十八大以来，浙江省在生态文明制度建设上的探索步伐明显加快。为鼓励先行先试，2013 年，浙江省取消对丽水的 GDP 和工业总产值考核，探索生态产品价值的实现机制，真正打通了"绿水青山"向"金山银山"转化的通道。2016 年，《浙江省党政领导干部生态环境损害责任追究实施细则（试行）》出台，明确提出了各级党政领导干部生态环境损害责任终身追究制。2017 年，浙江省委省政府出台《浙江省生态文明体制改革总体方案》，从八个方面全面构建生态文明制度体系的总体框架，助力全国生态文明示范区和美丽中国先行区建设。同年，浙江省委办公厅、省政府办公厅印发《浙江省生态文明建设目标评价考核办法》，并于 2017 年始对各设区市、县（市、区）党委和政府生态文明建设实行年度评价，考核结果作为对党政领导班子和主要领导年度考核、奖惩的主要依据。为推动全省实现资源环境承载能力监测预警规范化、常态化和制度化，2018 年浙江出台《关于建立资源环境承载能力监测预警长效机制的实施意见》，进一步引导全省按照资源环境承载能力谋划经济社会发展。2019 年，丽水与中国科学院生态环境研究中心共同研发的生态系统生产总值（GEP）核算体系，已经成为地方生态文明建设的重要制度成果。

（三）坚定不移地推动经济建设朝着绿色、循环、低碳的方向发展

绿色发展、循环发展、低碳发展是生态文明建设的内在要求和题中之义，着重解决的是生态产业化和产业生态化的问题，力争全面打造绿色产业体系。从理论上来看，构建生态产业体系，可以探索以下四种具体路径：一是内生路径，变生态优势为产业优势，生态优势地区可以充分利用生态优势，释放生态红利，增值生态资产，提供生态产品，满足人们对生态产品的需求，依靠自身优势实现生态产业化。二是外引路径，从建立和完善产业准入负面清单入手，因地制宜地引入生态产业，如生态旅游业、大健

康产业、休闲疗养业等，借助外部力量实现生态产业化。三是"整体提升"路径，对现有产业进行改造升级，使之生态化、绿色化，可以从改进生态工艺、控制污染排放等入手，实现产业生态化。四是"腾笼换鸟"路径，对于无法实现生态升级的落后产业，要及时淘汰，为新兴生态产业提供发展空间，化解产业发展的生态风险。

长期以来，浙江省坚守"在保护中发展，在发展中保护""保护是为了更好的发展"的理念，在加强对生态环境保护的同时，积极转变经济发展方式，推动经济发展方式向绿色、循环、低碳发展方式转变，探索高速增长的经济模式向高质量发展的经济模式转型。在产业布局上，浙江省着力在生态农业、生态旅游业布局的同时，还大力推动绿色企业、环保企业的发育和发展，加快推广清洁能源的普及使用；在政府支撑上，通过诸如"911"行动、"733"工程，及"4121"工程作为抓手夯实生态产业发展的基础，在各重点生态功能区采取加大对循环农业的财政补贴金额的举措，提高相应补偿力度。

（四）重视生态文化建设，推动全民参与，促进生态文明全民共建、成果全民共享

浙江省在积极围绕生态文明开展建设的过程中，想办法努力将生态文化与人民的生活方式有效地结合起来，如将浙江富有特色的产品与浙江的旅游文化产业相结合，重点在发掘文化与产业之间的关系，搭建桥梁，更好地带动生态文化产业发展。并且，从 2000 年开始绿色饭店的评定开始，浙江省绿色饭店的评定数量为全国前列，并且在绿色饭店的评定之外，还发展评定了绿色村、绿色企业的认定，这些都是浙江省在绿色生态方面做出的积极措施。

浙江历来就重视生态文化工作，早在 2010 年浙江省就成立了全国首个省级生态文化协会并率先设立了省级"生态日"，2011 年又成立了首个

县级生态文化协会，积极传播生态文化，不断挖掘生态文化内涵，引导社会公众参与到生态文明建设中来。2013年11月，浙江省启动"浙江省共建共享美丽人居环境行动"，以深化提升生态乡镇、绿色城镇、园林城镇、人居环境示范、卫生城镇、美丽乡村、生态村、绿色社区、绿色家庭等"绿色系列"创建为载体，在全省范围内倡导绿色健康的生活方式，提高节能型、循环型设备在居民生活中的普及率，推进城乡道路到建筑的立体绿化（邹晓明等，2016）。自2003年浙江省启动"千村示范万村整治"工程以来，截至2018年，浙江省有38个行政村获得了"全国生态文化村"称号。

浙江省一直十分注重海洋生态文化的建设，先后创建设立了相应的试验区和示范区。在浙江象山县连续举办了13届中国开渔节，一方面，让更多的人能够来关注海洋生态问题；另一方面，使得大家去关注自身周围的生活环境，促进生态文明全民共建，最终实现生态文明建设的成果全民共享。

五、兄弟省份重点生态功能区生态补偿实践对江西的启示

通过对福建、贵州、青海、浙江等兄弟省份生态文明建设实践探索的梳理、归纳和总结，可以从产业层面、制度层面、生态环境工程等层面提出对江西重点生态功能区生态补偿的几点启示。

（一）在生态环境方面，加强对重点生态功能区的环境建设和治理工程的建设力度

经济发展与生态保护从来就不是相互孤立的两端，更不是矛盾冲突的"跷跷板"，它们之间可以相互平衡、相互促进。正是充分认识到改善城乡环境是经济高质量发展的前提，兄弟省份都把生态环境治理摆在优先位置，如福建省通过强化政府监管、加强制度建设来强力治理保护生态环

境；贵州省推动重点生态功能区的环境质量考核日常化；青海省持续推进生态工程的建设等；浙江省实施了三轮"811"专项环境整治行动，开展了"五水共治""三改一拆""千村整治万村示范"等生态环境治理保护工程。由此可见，兄弟省份都把生态环境改善作为经济社会的发展之先、发展之基、发展之要。

从兄弟省份的经验来看，重点生态功能的第一要义是"保护好生态环境"，青海省就为此先后投入了100亿元资金，主要建设实施了包括天然林保护、水土资源保护、防护林建设等生态工程项目。浙江省为了更好地实现向绿色浙江、美丽浙江的转变，先后出台了诸如"一控双达标""关停十五小""大面积农村环境整治"等环境污染整治专项行动。贵州省于2016年发布了《关于加强我省国家重点生态功能区县域生态环境质量日常监督管理的通知》，要求各级政府要加强对转移支付资金的管理，进一步加强对生态环境的保护，改善环境质量。福建省特别强调要因地制宜，大力加强对扶贫地区的整体地质环境的防治，尤其是对地质公园、水源、湿地等重点生态功能区的特别保护，加大退化、污染、毁损农田改良和修复力度。除此之外，各省还加强了对自身环境状况的考核，考核方式主要涉及建立环境监控体系，出台文件明确了相应的检测指标，加大对环境质量的监督和考核。通过这些整治行动，依据相应的政策支持，来实现对重点生态功能区生态环境的治理和保护。

（二）在产业层面，促进重点生态功能区传统经济发展方式向绿色循环济发展方式转化

各兄弟省份都探索出了适合自身的生态产业发展之路，福建省将环保绿色产业和项目投放到全省23个重点贫困县、贫困村，并因地制宜地大力发展生态旅游、绿色产业、民宿经济、林下经济等，推动林业专业合作社、股份合作林场等新型的经营主体参与生态农业产业发展；在重点生态

功能区内将生态保护补偿融入生态产业发展和提高贫困农户"造血"能力上，推动重点生态功能区在转移支付上适当向当地贫困地区倾斜，提高资金投入力度和范围，让贫困地区能够依托当地生态资源，更好地发展绿色产业。贵州省通过全域生态旅游筑牢重点生态功能区生态补偿之基，并通过推动"大扶贫、大数据、大生态"有机融合，探索开展"互联网＋生态建设＋精准扶贫"新机制，初步构建起了以大健康产业、大数据产业、高科技项目、特色旅游产业等生态产业为引领的产业体系。青海省则依托自身的生态资源，在各重点生态功能区大力推进生态农牧业、文化旅游业等低碳产业，初步搭建了绿色可循环的产业体系。浙江省着力推动高科技产业、战略性新兴产业、互联网产业、生态农业、生态旅游业、民宿经济、生态康养等生态产业布局，并在政策、人才、机制、金融等方面予以大力扶持。

（三）在制度层面，进一步完善重点生态功能区的各项制度建设

各兄弟省份都把完善重点生态功能区的各项制度作为生态文明建设的重中之重。在构建和完善重点生态功能区的制度建设上，尤其是在特色制度的探索上有很多经验值得江西借鉴。例如，福建省在重点生态功能区推行商品林赎买改革，破解了林农利益与生态保护之间的矛盾，实现了"生态得保护，林农得利益"的经济效益、生态效益和社会效益的共同提升；创新"福林贷"林业金融产品，最终激活了林木的金融价值，盘活了林业资产，防范了林业金融风险，促进了林农增收致富，成功经验经由国家部委向全国推广。贵州省在全国率先建立了体现贵州特色的生态文明建设目标评价考核制度，在全国率先实现生态环境资源司法体系全覆盖，由此形成了全国首创的贵州省"145"跨区域环保审判格局，探索出了生态环境资源审判的"贵州模式"；成立省级生态环境损害司法鉴定机构，建立全国首个地方生态环境损害鉴定评估专家库，推动生态环境损害评估专业化

和科学化；探索开展了"互联网＋生态建设＋精准扶贫"新机制，创新性地推出了单株碳汇生态扶贫新模式，促进了生态效益与社会效益的良好融合。青海省以生态系统价值评估方法，系统评估三江源上游由于环境保护而给下游带来的生态溢价，从而量化下游地区需要支付给上游地区的补偿金额，提高了生态补偿的科学性和规范性；在对重点生态功能区的经济考核指标上，删去了 GDP、工业化等经济指标，成为全国第一个取消重点生态功能区 GDP 指标的省份。浙江省出台《关于建立资源环境承载能力监测预警长效机制的实施意见》，引导全省按照资源环境承载能力谋划经济社会发展；探索生态系统生产总值（GEP）核算体系与 GDP 考核体系双运行；促进生态文明全民共建，成果全民共享的全民参与机制等。各兄弟省份的各项制度成果为江西省开展重点生态功能区的生态补偿工作提供了良好示范。

六、本章主要观点

梳理国内其他生态文明试验区（福建、贵州）和生态文明建设效果明显地区（青海、浙江等）重点生态功能区生态补偿的实践探索，尤其是顶层设计、制度框架、主要举措、措施调整，对江西完善和优化重点生态功能区的生态补偿实践具有重要参考价值。鉴于此，本章选取了福建、贵州、青海、浙江等生态文明建设先行探路者，通过分析其重点生态功能区开展生态补偿的实践探索，并演绎出给江西重点生态功能区生态补偿带来的启示。研究结论发现：①四个省份在生态文明建设上，尤其重点生态功能区生态补偿的实践探索，既有相同举措，又有不同做法，但四个省都根据自身目标定位、资源禀赋、经济社会发展状况，探索了既符合自身实际，又行之有效的生态文明发展道路，还为其他地区的重点生态功能区生态补偿提供了经验和智慧。四个省开展重点生态功能区生态补偿的理论和实践成果都是习近平生态文明思想的地方实践，理论上"顶天"，成效上"立地"，值得江西学习借鉴。②四个省份都在产业布局、制度创新、工程建设等方面制定了重点生态功能区的整体规划，并配套了一些行之有效、符合地方实际的具体举措，生态文明建设成绩斐然。这些做法和经验，既体现出各级政府在生态文明建设顶层设计上"自上而下"的谋划和推动，又凝聚出生态文明建设参与者"自下而上"的创新智慧。梳理和总结兄弟省份开展重点生态功能区生态补偿的经验做法，对提升江西重点生态功能区生态补偿的绩效和开展典型示范，具有重要价值。③与此同时，四个省份的重点生态功能区生态补偿措施又存在一些特色和亮点，如福建在重点生态功能区的制度建设，尤其是在生态补偿制度创新、林权制度改革、强化政府监管制度等方面进行了积极探索，制度成果显著；贵州则在重大生态产业（如大健康产业、大数据产业、高科技项目、特色旅游产业等）布局上卓有成效，在目标评价考核体系建设、环境司法体系全覆盖、生态环境损害赔偿制度创新实践以及推动重点生态功能区生态补偿助力脱贫攻坚等方面取得了全国领先的经验成果；青海的突出亮点体现在狠抓生态工程建设，确保生态工程在青海独特的地理区位上起到"四两拨千斤"的作用；浙江在"五水共治"、文明建设考核指标体系建设以及促进生态文明全民共建、成果全民共享等方面卓有成效。这些特色做法，对江西探索在不同地区分类探索、分类试点、因地制宜地开展重点生态功能区生态补偿，乃至推动全省生态文明试验区建设，都具有普遍的示范意义。

第九章　江西重点生态功能区的特殊视角:"资源诅咒"研判

从地域分布来看，江西重点生态功能区主要集中在革命老区、边疆地区、资源富集区和生态脆弱区的现实，呈现出生态—资源"四区叠加"的分布特征，使生态补偿工作难度加大、成本增高、效果弱化。资源富集区往往会造成生态破坏和生态环境损害，在一定程度上会危及国家粮食安全、资源安全、生态安全和社会安全，凸显出从"资源诅咒"的特殊视角研究重点生态功能区生态补偿政策调整的必要性和重要性。

一、江西重点生态功能区是否存在"资源诅咒"？——经验与数量考查

（一）江西重点生态功能区"资源诅咒"的经验考查

1. 江西重点生态功能区矿产资源的资源禀赋现状

（1）矿产资源丰富，开发潜力巨大

江西省具有丰富的矿产资源储量，不仅是我国三大重要矿产（有色、稀有、稀土）的矿产基地，而且矿产资源的配套程度也较高。据江西省国土资源厅的统计，截至 2014 年，对国民经济建设具有较大影响的 45 种主要矿产中，江西省有 36 种，其中已探明的资源储量居全国第一位的有：铜、金、银、钽、铷、冶金用砂岩、滑石、粉石英、化工用白云岩、伴生硫、化肥用灰岩、铀、钍等 13 种，第二位的有钨、铯、碲、钪、饰面用板岩、冶金用白云岩、玻璃用砂岩等 7 种，第三位的有铋、铍、叶腊石、透闪石、海泡石黏土、玻璃用砂、水泥配料用页岩等 7 种，第四位的有石煤、锂、硅灰石、建筑用大理岩等 4 种，第五位的有稀土、普通萤石、化肥用蛇纹岩、高岭土、饰面用大理岩等 5 种，第六位的有锡、镍、铅、铌、

镓、岩盐等 6 种，第七位的有钼、锆、砷、玻璃用白云岩、珍珠岩等 7 种，第八位的有镉、硫铁矿、制碱用灰岩、方解石等 4 种，第九位的有锌、硅藻土、石墨等 3 种，第十位的有熔剂用灰岩 1 种（见表 9-1）。

表 9-1　江西潜在经济价值和储量全国占比情况（2014 年）

全国排位	矿种	潜在经济价值 / 亿元	资源储量占全国比重 / %
第一位（13 种）	铜	707.63	19.9
	金	157.44	11.9
	银	83.92	14.2
	钽	161.39	22.8
	铷	—	47.3
	冶金用砂岩	12.02	21.3
	滑石	44.52	30.1
	粉石英	9.33	99.64
	化工用白云岩	46.80	88.3
	伴生硫	323.40	23.2
	化肥用灰岩	1.15	19.4
	铀	—	30.00
	钍	—	—
第二位（7 种）	钨	255.90	18.8
	铯	—	10.5
	碲	18.55	41.1
	钪	2.77	7.1
	饰面用板岩	5.29	10.8
	冶金用白云岩	236.68	13.5
	玻璃用砂岩	34.87	8.9

续表

全国排位	矿种	潜在经济价值/亿元	资源储量占全国比重/%
第三位 （7种）	铋	17.49	8.8
	铍	51.66	18.6
	叶腊石	7.64	13.6
	透闪石	0.66	14.6
	海泡石黏土	4.21	6.3
	玻璃用砂	93.55	12.0
	水泥配料用页岩	14.68	8.2
第四位 （4种）	石煤	—	4.98
	锂	156.05	6.4
	硅灰石	12.75	11.5
	建筑用大理岩	7.04	10.5
第五位 （5种）	稀土	9.6	0.45
	普通萤石	5.52	4.0
	化肥用蛇纹岩	65.69	3.4
	高岭土	66.28	7.7
	饰面用大理岩	318.56	6.7
第六位 （6种）	锡	27.72	8.31
	镍	—	3.1
	铅	11.11	7.0
	铌	40.15	1.08
	镓	73.44	3.4
	岩盐	4330.11	0.9
第七位 （5种）	钼	68.25	3.6
	锆	3.94	0.5
	砷	2.14	3.9
	玻璃用白云岩	2.51	3.72
	珍珠岩	2.88	3.9

续表

全国排位	矿种	潜在经济价值/亿元	资源储量占全国比重/%
第八位 （4种）	镉	10.50	4.4
	硫铁矿	171.48	4.3
	制碱用灰岩	7.37	2.1
	方解石	—	0.1
第九位 （3种）	锌	24.33	3.8
	硅藻土	—	0.3
	石墨	4.33	1.5
第十位 （1种）	熔剂用灰岩	0.01	4.02

注：— 表示全国尚未统一定价标准。

资料来源：江西省国土资源厅网站。

江西省的有色金属、贵金属和稀有稀土金属矿产资源在全国范围内具有明显优势。据江西省国土资源厅统计，在国民经济体系中占据重要地位的金属矿产中，铜占全国总量的17.91%；黑钨矿占全国总量的39.62%；重稀土占全国总量的72.07%；金占全国总量的8.23%；银占全国总量的12.25%；钽占全国总量的42.73%；铀（金属量）占全国总量的30%。

江西省的主要矿产资源天然呈现出的条块状分布，有利于对矿产资源的开发和利用。赣东有铜、金、银、铅锌、铀、钽铌、磷、滑石、膨润土、石膏、化肥用蛇纹石、煤、高岭土、水泥用灰岩等；赣南有钨（黑钨矿）、锡、铋、稀土、萤石等；赣西有煤、铁、钽铌、岩盐、粉石英、硅灰石、含锂瓷石、高岭土等；赣北有铜、钨（白钨矿）、铅锌、金、硫、锑、钼、石煤、水泥用灰岩、饰面板材等（资料主要来源于江西省国土资源厅网站）。为全省铜、钨、稀土产业等基地建设提供了重要的资源保障。围绕矿产资源的条块状分布，逐渐形成了江西独有的各具特色的矿产资源产业体系。

（2）矿产资源主要集中于金属矿产类和非金属矿产类，能源类矿产储量相对不足

由表 9-2 可以看出：江西省铁矿储量、钒矿储量、铜矿储量、铅矿储量、锌矿储量等金属矿产类矿产储量丰富且稳定，部分金属类矿产探明储量还呈现出逐年递增的态势，如钒矿储量从 2005 年的 2.19 万吨增加到 2013 年的 6.52 万吨，铅矿储量由 2005 年的 34.98 万吨增加到 2013 年的 52.64 万吨，锌矿储量由 2005 年的 48.52 万吨增加到 2013 年的 76.35 万吨。硫铁矿储量、磷矿储量、高岭土储量等非金属矿产的储量也相当可观，在全国占据重要地位。与之形成对应的是，煤炭储存量等能源类矿产储量相对不足，呈现出逐年降低的趋势。

表 9-2　江西主要矿产资源储量相关信息（2005—2013 年）

	2013	2012	2011	2010	2009	2008	2007	2006	2005
煤炭储存量/亿吨	3.97	4.11	4.26	6.74	7.2	7.67	7.92	8.18	7.78
铁矿储量/亿吨	1.37	1.46	1.57	1.91	1.7	1.81	1.9	1.93	1.71
钒矿储量/万吨	6.52	6.52	2.16	2.16	2.2	2.16	2.84	2.86	2.19
铜矿储量/万吨	597.1	662.1	672.1	698.6	711.7	729	733.0	803.4	820.1
铅矿储量/万吨	52.64	55.12	56.22	58.25	33.5	34.47	35.47	37.29	34.98
锌矿储量/万吨	76.35	78.77	81.84	85.91	44.3	45.8	47.5	50.01	48.52
硫铁矿储量/万吨	14886	15280.38	15950.62	14892.6	14127.8	13886.84	13965.1	13965.9	13955.1
磷矿储量/亿吨	0.61	0.61	0.61	0.72	0.8	0.75	0.76	0.76	0.78
高岭土储量/万吨	3176.96	3127.78	3138.62	3137.89	3309.5	3296.75	3539.2	4039.1	3957.6

资料来源：江西省各年统计年鉴（2006—2014 年）。

（3）矿产资源存在的一些不足也给矿产资源的开发利用带来了一定的障碍

有色金属矿床中共伴生有用矿产多，开发利用的难度较大，对矿产产业的技术水平提出了更大的挑战。铜矿中共伴生的矿种有金、银、硫、镓、铟、硒、碲、砷、钴、铁、铅、锌等 12 种，钨矿中共伴生的矿种有锡、铋、钼、铍、钽、铌、稀土等 7 种，铌钽矿中共伴生的矿种有锂、铷、铯、高岭土、云母、长石等 6 种（江西省国土资源厅网站）。伴生矿普遍存在的现实，对矿产的开采和综合利用提出了更高的要求。贫矿多、富矿少，铁矿资源储量的 95.20% 为需选矿石，全铁平均品位低于 30% 的矿石占资源储量总量的 71.72%；铜平均品位低于 1% 的占资源储量的 87.14%（江西省国土资源厅网站）。

2. 江西重点生态功能区矿产资源开发利用的现状分析

（1）矿业经济已成为江西重点生态功能区的支柱产业

长期以来，围绕丰富的矿产资源，江西省逐渐形成了煤炭、黑色金属、有色金属、化工、建材、盐业等六大矿业体系，其上下游产业占据江西工业经济的"半壁江山"（祝黄河，2014）。2013 年，江西省矿业经济总产值达到 7500 多亿元，占全省工业总产值的 37.9%。 2014 年，规模以上工业总产值约 14800 亿元，矿业经济约为 6300 亿元，占工业总产值的"半壁江山"。2012 年，规模以上工业实现主营业务收入 22267.6 亿元，主营业务收入过千亿元的有 6 个行业，与矿业经济相关的千亿元产业占 3 个，分别为有色金属冶炼和压延加工业、非金属矿物制品业、黑色金属冶炼和压延加工业（祝黄河，2014）。2014 年江西规模以上矿业企业及其延伸产业总产值、工业增加值、利锐额占全省工业企业的 60% 以上。根据江西省统计局数据，2013 年，江西省有采矿业法人单位数 3635 家，采矿业城镇单位就业人员 8.33 万人，采矿业全社会固定资产投资 252.17 亿元，在国民经济中的地位不断攀升。

（2）江西省主要矿产品的产量和消费量都呈现出大幅上升态势

根据江西省国土资源厅的统计数据，主要矿产 2007 年比 2000 年的产量增幅分别为：原煤（65.25%）、铁矿石（675.24%）、铜精矿（31.4%）、铅精矿（132.65%）、锌精矿（80.38%）、钨精矿（32.27%）、混合稀土（160.73%）、萤石（221.72%）、水泥（258.68%）和黄金（101.41%）。主要矿产 2007 年比 2000 年的消费量的增幅分别为：原煤（109.43%）、铁矿石（248.04%）、铜精矿（200.1%）、钨精矿（326.42%）、混合稀土（217.62%）、萤石（198.39%）、水泥（344.09%）、黄金（1507.37%）、银（677.12%）。呈现出明显的供需两旺的态势。

（3）江西矿产资源潜在经济价值巨大，可以作为未来江西经济发展的重要支撑

以 1990 年矿产品不变价计算，江西省矿产资源储量的潜在经济价值大约为 1.56 万亿元，其中以全国统一口径计算的 79 种矿产资源（不含铀、钍、铷、铯、水气矿产等保密矿种和尚未统一定价标准的矿种）储量潜在经济价值 9038.42 亿元，45 种主要矿产（江西 36 种）的潜在经济价值 7984.42 亿元（骆水华，2013）。江西省潜在经济价值超过 100 亿元的矿产有煤、铁、铜、钨、铀、金、钽、锂、硫铁矿、伴生硫、水泥用灰岩、冶金用白云岩、饰面用花岗岩、岩盐等 14 种；潜在经济价值在 50 亿 ~100 亿元的矿产有钒、钼、银、镓、熔剂用灰岩、玻璃用砂、高岭土、化肥用蛇纹岩、饰面用大理岩、磷矿等 10 种（骆水华，2013）。江西矿产资源巨大的潜在经济价值，可以支撑未来江西经济发展的格局。

3. 在江西未来经济布局中的地位分析

（1）矿业产业是江西省工业化中后期经济发展的主要推动力量

从全国来看，矿业产业与我国工业基本上保持同步增长的态势。在一些矿产资源大省，如山西、陕西、内蒙古、河南等，矿业经济占 GDP 的

比重在 50% 以上，矿业经济已成为资源大省推动工业化进程的主要力量。2014 年，我国轻工业、重工业占比分别为 26.36% 和 73.64%，江西分别为 33.3% 和 64.7%，重工业发展水平落后于全国平均水平。江西省发展矿业产业适应工业化中后期经济发展要求，符合工业结构演变基本规律。

从全省对涉矿产业的未来布局来看，以大型涉矿企业为主导的对传统矿业产业改造升级的步伐加快，并陆续在全省范围内依托优势矿区加紧布局和打造未来高新矿业产业。例如，依托赣北、赣东北的优势钨矿积极打造全球最大钨资源基地，依托赣东北的优势铜矿和银矿打造亚洲最大铜资源基地和亚洲最大银资源基地，依托赣中优势的锂矿和铁矿打造亚洲最大锂资源基地和全国重要铁资源基地。这些优势资源基地的打造，将会成为未来江西工业经济格局乃至全省经济发展的主要推手。

（2）矿产品产业链延伸明显，矿业下游产业发展潜力巨大

主要矿种矿产品加工转化率显著提高，精深加工产品、高附加值产品比例增大，产业链不断延伸。初步形成了以鹰潭为中心的铜采、选、冶炼加工基地，赣州钨采、选、冶炼加工基地以及稀土矿产品与分离冶炼产品基地，新余、昌北为中心的硅产业基地。江西省已成为全国重要的铜、钨、稀土、硅材料矿业基地，产业集聚效应进一步显现（祝黄河，2014）。2014 年江西全省规模以上矿产品加工与冶炼企业超过 2200 家，总产值突破 6600 亿元，约占全省工业总产值的 34%，占到矿业总产值的 89%。矿产品的下游产业链既是江西矿业经济发展的优势领域，又是江西整体经济格局中非常有潜力的领域。

矿业产业的上游为采矿，中游为冶炼和延压，下游为材料加工及应用。在整个矿业产业链体系中，下游产业属于高端环节，附加值高、利润丰厚，对经济拉动潜力巨大。江西铜业 1 吨粗铜约 5 万元，而深加工后约 20 万元。发达国家矿业产业冶炼和压延产值与下游产业产值比值为 1：5。

2014 年，江西省这一比值为 1∶0.57，远低于发达国家。如果达到发达国家比值，江西省有色金属、黑色金属冶炼和压延下游延伸产值可达到 3 万亿元，相当于再造一个"江西经济"。矿业下游产业潜力巨大，是江西省经济发展的潜力所在。

对江西矿业产业发展现状的综合分析，我们发现，江西的经济格局、经济结构、未来发展规划以及未来发展潜力都严重依赖于矿产资源产业的发展状况，这种状况与学术界对"资源诅咒"内涵的界定具有内在一致性。从经验数据上看，我们虽然不能断定江西省矿产资源产业"资源诅咒"效应是否存在，但江西省的经济发展状况已经呈现出了"因资源而兴"的态势。本章的后续部分将从江西矿业产业发展的数量考察、传导机制和途径以及溢出效应角度实证检验江西矿产资源产业是否会出现"因资源而困"的"资源诅咒"。

（二）江西重点生态功能区"资源诅咒"的数量考查

1. 江西重点生态功能区涉矿产业在江西整体经济格局中的地位及潜力分析

考察江西涉矿产业在江西整体经济格局中的地位及潜力，有助于我们从经济发展的路径依赖角度探究江西经济发展是否受到江西优势矿业产业的"诅咒"。

从江西矿业产业发展的现状和趋势来看：一是江西已基本形成了稳定的依托矿业产业发展的工业体系和经济体系，从江西省第二产业占 GDP 比重来看，2004 年第二产业比例为 45.3%，到 2014 年提高了近 8 个百分点，达到了 53.4%。二是江西涉矿产业发展速度惊人，以矿产采选业为例，2000 年全省矿产采选业产值仅为 38.14 亿元，到 2013 年高达 780 亿元，年均增长约为 120%。这样的增长速度是全省其他任何传统产业所不能比拟的。从江西所确立的未来十大战略性新兴产业来看，节能环保、新能源、新材料、航空产业、先进装备制造、新一代信息技术、锂电及电动汽车等七大产业都直接或间接地与矿产资源产业相关，形成了发展模式的路径依赖。

从江西省大型企业的行业分布来看，江西省涉矿企业在全省大型企业中占据重要地位，在数量和规模上均超过其他任何行业。以 2014 年江西百强企业为例，与矿产资源直接或间接有关的企业有 30 家，排在前 20 位的企业中有 9 家与矿产资源的开采、加工直接相关，排在前 10 位的企业中有江西铜业集团公司、新余钢铁集团有限公司、江西萍钢实业股份有限公司、江西省煤炭集团公司、江西稀有金属钨业控股集有限公司等五家，其中江西铜业集团公司以年营业收入 1945.2404 亿元高居榜首，是第二名年营业收入的近 5 倍。

综上所述，无论从江西矿业产业发展的现状和趋势，还是从江西省大型企业的行业分布来看，江西经济格局的现状和未来发展方向形成了对矿产经济发展模式的路径依赖，从而佐证了江西存在矿产资源产业的"资源诅咒"效应。

2. 江西涉矿产业中的各行业对环境影响的现状与趋势分析

分析某一产业对环境外部性的影响，有助于我们从环境视角探索产业发展的溢出效应。本节利用江西省工业行业数据资料，从江西涉矿产业中的各行业对环境影响的现状与趋势，进一步分析江西矿业产业发展是否存在对环境的"负外部性"，进而从环境视角寻找江西矿业产业发展的"资源诅咒"外溢效应。

表 9-3　江西涉矿产业中的各行业对环境的影响（2006 年和 2013 年）

		工业废水排放量 / 万吨	废水治理设施数 / 套	废水治理设施处理能力（万吨 / 日）	化学需氧量排放量 / 吨	氨氮排放量 / 吨
2006	煤炭开采和洗选业	1835.5595	116	8.0189		
	黑色金属矿采选业	1179.9307	68	19.4714		
	有色金属矿采选业	9689.6317	280	121.2359		
	非金属矿采选业	253.9238	39	2.5026		
	石油加工、炼焦和核燃料加工业	946.8854	15	4.0254		
	非金属矿物制品业	1820.5478	294	50.1499		
	黑色金属冶炼和压延加工业	5370.119	123	286.9673		
	有色金属冶炼和压延加工业	5660.8636	239	35.1108		
	金属制品业	370.557	59	3.5135		
2013	煤炭开采和洗选业	2003.45	140	9.69	2129	32
	黑色金属矿采选业	767.24	75	22.89	439	
	有色金属矿采选业	10639.90	239	172.97	6153	273
	非金属矿采选业	267.93	40	3.15	772	60
	石油加工、炼焦和核燃料加工业	907.72	10	3.95	2031	231
	非金属矿物制品业	1787.08	293	38.05	2396	111
	黑色金属冶炼和压延加工业	5303.00	120	307.48	3143	117
	有色金属冶炼和压延加工业	3873.55	235	45.03	3430	3504
	金属制品业	393.13	64	3.76	447	252

从表 9-3 中可以看出，从工业废水排放量来看，2006 年和 2013 年江西涉矿产业中各行业的工业废水排放量都在显著增加，但相应的废水治理设施数却没有获得相应增加，部分涉矿行业的废水处理设施还出现了下降的态势，如有色金属矿采选业的废水治理设施数由 2006 年的 280 套下降到 2013 年的 239 套，石油加工、炼焦和核燃料加工业废水治理设施数由 2006 年的 15 套下降到 2013 年的 10 套，有色金属冶炼和压延加工业的废水治理设施数由 2006 年的 239 套下降到 2013 年的 235 套。在其他条件不变的情况下，废水治理设施数的减少在一定程度上证明江西涉矿产业对环境的负面影响在增加，同时也说明矿产资源产业的发展在环境治理方面的投入并未相应增加。

3. 基于"资源诅咒"指数的趋势评判

（1）"资源诅咒"指数的测算方法。参照前人研究，本章将以绿色 GDP 为基础核算"资源诅咒"指数用来测量生态环境规制下的"资源诅咒"状况。绿色 GDP=GDP- 资源消耗 – 环境成本。借鉴安锦和王建伟（2015）以及张慧生（2014）的研究，将"资源诅咒"指数界定为：资源丰裕程度 / 资源对地区绿色 GDP 的贡献。"资源丰裕程度"采用"人均资源潜在经济价值"表示，"资源对地区绿色 GDP 的贡献"采用"资源价值 / 绿色 GDP"表示。

（2）江西矿业"资源诅咒"的历史演变趋势评判。从图 9-1 的数值来看，2004—2014 年中几乎所用年份的"资源诅咒"指数均明显大于 0，可以看出江西省存在较为严重的"资源诅咒"现象；从"资源诅咒"指数的演变趋势来看，"资源诅咒"的程度在逐年减弱，已由 2004 年的 4.37 降低到 2014 年的 3.66，累计降幅达到 16.2%（见图 9-1）。

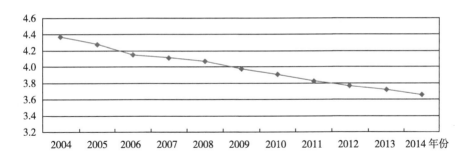

图 9-1 "资源诅咒"指数的演变趋势（2004—2014 年）

本节从江西涉矿产业在江西整体经济格局中的地位和潜力、涉矿产业各行业对环境的影响现状与趋势以及构建"资源诅咒"指数的评判等三个角度，采用数据考察了江西是否存在"资源诅咒"。研究结果表明：①江西涉矿产业在江西整体经济格局中占据的位置远超其他任何行业，在一定程度上佐证了江西矿产资源产业"资源诅咒"的存在性；②江西涉矿产业中的各行业对环境影响较为明显，体现出江西矿产资源产业发展明显的"负外部性"；③江西矿业"资源诅咒"指数显示，2004 年以来，江西省一直存在矿业产业的"资源诅咒"现象，只是"资源诅咒"的程度在下降。本节从数理上证实了江西省矿产资源产业"资源诅咒"效应的存在性，以及其长期演变趋势。

二、江西重点生态功能区"资源诅咒"传导机制与传导途径的理论和实证分析[①]

（一）现有学者对该"资源诅咒"效应的传导机制与传导途径的认识

自 1993 年 Auty 提出"资源诅咒"（Resource Curse）的概念以来，该研究领域就成为学术界持续关注的热点问题。而国内外的研究人员对"资

---

① 本部分研究成果发表于《企业经济》（2016 年第 12 期）。

源诅咒"效应传导机制和传导途径的研究一直是"资源诅咒"的主要研究领域，归纳起来，学术界在这一领域的研究主要有以下几个方面：

（1）"资源诅咒"效应的政府治理传导论。许多学者验证了"寻租"行为、制度质量等政府治理因素在"资源诅咒"中的传导效应。Mehrara等（2008）以原油为研究对象，实证研究发现资源在制度差的国家和地区是"诅咒"，而在制度好的国家和地区则是"福音"。Kolstad 和 Soreide（2009）在研究资源租金与腐败之间影响机理的基础上，提出政府政策治理的重点是防范资源领域的"寻租"行为。陈仲常等（2012）则从体制双轨制视角验证了政府治理的低效加剧了资源相对富集地区的"资源诅咒"效应。

（2）"资源诅咒"效应的人力资本传导论。Gylfason（2001）研究了加大教育投入后发现，提高教育水平可以有效改善"资源诅咒"。Papyrakis和 Gerlagh（2004）采用回归模型检验了"资源诅咒"效应，当把人力资本引入方程作为控制变量后，"资源诅咒"效应便不存在。Gylfason 和 Zoega（2006）的研究发现，自然资源会导致实物、人力和社会三大资本积累不足，从而给经济增长带来负面影响。Annie Walker（2013）考察了美国阿巴拉契亚地区 409 个县"资源诅咒"的传导途径，研究发现教育水平在其中扮演着负面的角色。杨莉莉和邵帅（2014）认为，人力资本外流会提高资源地区发生"资源诅咒"风险。王成（2010）研究发现，人力资本投资不足会导致资源部门的生产效率低下，从而产生"资源诅咒"。

（3）"资源诅咒"效应的产业结构传导论。一般而言，自然资源会对一个国家或地区的产业结构产生深远影响。邵帅等（2013）认为产业结构对"资源诅咒"有着显著影响，并认为制造业发展是规避"资源诅咒"最强的两个因素之一。孙大超和司明（2012）则从区位角度验证了制度质量和产业结构对"资源诅咒"效应的传导影响。

（4）“资源诅咒”效应的其他因素传导论。一是“贸易条件恶化”说。有些学者认为对外贸易推动经济增长，而资源出口使贸易条件恶化，阻碍经济增长。二是“投资不足”说。邵帅、齐中英（2008）认为，国内资源丰裕，削弱了教育投入，进而对经济产生负面影响。三是“荷兰病”引致说。这种观点认为，资源的出口效应会把劳动力和资本从农业及制造业中吸出，从而造成制造业出口受阻和非贸易品成本上升，进而影响经济表现。

（二）传导机制的识别与理论模型的构建

（1）人均绿色 GDP。用来测量生态环境规制下的经济发展情况，直接采用测算出来的当年绿色 GDP 除以当年的总人口，用字母 Y 表示。

（2）产业结构。采用矿产资源为基础的第二产业在国民经济中的比重来测量，主要验证产业结构传导性是否存在。采用当年第二产业产值除以当年 GDP 来测量，采用字母 X_1 表示。

（3）科技投入。用来测量科技投入状况，主要验证资源丰裕对科技投入的挤出效应是否存在。采用当年 R&D 内部投入经费测算，用字母 X_2 表示。

（4）人力资本。用来测量人力资本的储备情况，主要验证资源对人力资本的挤出效应是否存在。采用当年普通高校在校人数来测定。用字母 X_3 表示。

（5）“资源诅咒”指数。用字母 X_4 表示。

基于以上分析，构建的理论模型如图 9-2 所示。

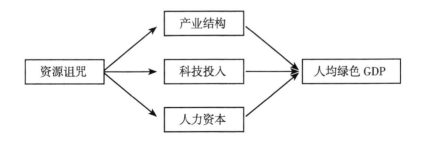

图 9-2 “资源诅咒”效应的传导机制与传导途径理论模型

（三）数据来源与具体实证模型形式

本章实证所用数据均来自可公开获取的《江西省统计年鉴》《中国统计年鉴》《中国环境统计年鉴》《中国工业经济统计年鉴》《中国矿业年鉴》《中国地质矿产年鉴》以及江西省国土资源厅公开数据（见表9-4）。

表9-4　各指标的概览

年份	"资源诅咒"指数	GDP亿元	人均GDP元	人均绿色GDP元	第二产业比例（%）	R&D经费亿元	普通高校在校人数万人
2004	4.37	0.098	8079	5586	45.3	21.6	49.0
2005	4.28	0.094	9440	6078	47.3	28.8	64.6
2006	4.15	0.096	10679	6307	50.2	38.9	77.1
2007	4.11	0.098	13322	6898	51.7	48.9	78.2
2008	4.07	0.093	15900	7245	51.0	63.0	76.4
2009	3.98	0.088	17335	7557	51.2	68.1	79.3
2010	3.91	0.088	21253	7821	54.2	87.2	81.6
2011	3.82	0.069	26150	8386	54.6	96.8	82.9
2012	3.77	0.067	28800	8779	53.6	113.7	85.1
2013	3.71	0.066	31930	9121	53.5	135.5	86.2
2014	3.66	0.062	34661	9567	53.4	157	91.6

考虑到数据量纲和模型假设的问题，本章采用的实证方法是对数形式的多元回归模型。为了考查产业结构、科技投入和人力资本的传导效应（中介效应），在多元回归模型中加入了"资源诅咒"指数的交叉变量。具体的模型形式如公式（1）所示。

$$\ln Y_t = \beta_0 + \beta_1 \ln X_{1t} + \beta_2 \ln X_{2t} + \beta_3 \ln X_{3t} + \beta_4 \ln X_{4t} + \beta_5 \ln X_{1t} \ln X_{4t} +$$
$$\beta_6 \ln X_{2t} \ln X_{4t} + \beta_7 \ln X_{3t} \ln X_{4t} + u_t \qquad (9-1)$$

（四）江西矿产资源产业"资源诅咒"效应的传导机制与传导途径分析结果

通过 EVIEWS 软件对模型（1）的估计结果如表9-5所示。

表9-5 "资源诅咒"效应的传导机制与传导途径的模型估计结果

解释变量	因变量：人均 GDP		因变量：人均绿色 GDP	
	模型一	模型二	模型三	模型四
C	10.2787*** （7.9211）	−28.27 （−0.2458）	9.1923*** （6.4547）	−25.3928 （−0.1947）
$\ln(X_1)$	0.2359** （3.2675）	10.2549 （0.3959）	0.1892** （2.8775）	9.6532 （0.3734）
$\ln(X_2)$	0.2159** （3.0870）	−0.1554 （−3.0870）	0.1779** （2.6870）	−0.1376 （−2.8724）
$\ln(X_3)$	0.1347** （2.0814）	−0.1585 （−0.2160）	0.1135** （1.8814）	−0.1417 （−0.1981）
$\ln(X_4)$	−0.1781** （−2.4672）	−0.0593** （0.0995）	−0.1459** （−2.0103）	−0.0379** （0.0876）
$\ln(X_1)\times\ln(X_4)$		−0.2374** （−3.5732）		−0.1973** （−3.1754）
$\ln(X_2)\times\ln(X_4)$		−0.5727** （−5.1285）		−0.3997** （−3.8921）
$\ln(X_3)\times\ln(X_4)$		−0.3491** （−4.3471）		−0.2774** （−3.7812）
R^2	0.9939	0.9953	0.9948	0.9968
F 统计量	289.476	91.3375	291.861	92.2532

注：** 表示显著性水平为 0.05，*** 表示显著性水平为 0.01。模型一和模型三只检验直接效应，没有检验间接效应（无交叉乘积项），模型二和模型四同时检验直接效应和间接效应。

从以上回归结果，可以得出以下结论：

（1）在不考虑资源消耗和环境成本的情况下，产业结构、科技投入、人力资本和"资源诅咒"均对人均 GDP 有显著影响。其中，产业结构、科技投入、人力资本对人均 GDP 具有正向影响，而"资源诅咒"对人均 GDP 具有负向影响。由此可见，"资源诅咒"效应是存在的。

（2）在不考虑资源消耗和环境成本的情况下，当引入交叉项检验产业结构、科技投入、人力资本对"资源诅咒"效应的中介影响时，产业结构、科技投入、人力资本对人均 GDP 的影响都消失了，但是"资源诅咒"的直接影响仍然显著，只是程度降低了（从 0.1781 降到 0.0593）。回归结果同时也证实了"资源诅咒"通过产业结构、科技投入、人力资本三种传导途径对人均 GDP 产生了负向影响，影响系数分别为 –0.2374、–0.5727 和 –0.3491。

（3）在考虑资源消耗和环境成本的情况下，产业结构、科技投入、人力资本和"资源诅咒"也都对人均绿色 GDP 有显著影响。其中，产业结构、科技投入、人力资本对人均绿色 GDP 具有正向影响，而"资源诅咒"对人均绿色 GDP 具有负向影响。由此可见，在考虑资源消耗和环境成本的情况下，"资源诅咒"效应仍然是存在的。

（4）在考虑资源消耗和环境成本的情况下，当引入交叉项检验产业结构、科技投入、人力资本对"资源诅咒"效应的中介影响时，产业结构、科技投入、人力资本对人均绿色 GDP 的影响也都消失了，但是"资源诅咒"的直接影响仍然显著，程度也降低了（从 0.1459 降到 0.0379）。回归结果也都证实了"资源诅咒"通过产业结构、科技投入、人力资本三种传导途径对人均绿色 GDP 产生了负向影响，影响系数分别为 –0.1973、–0.3997 和 –0.2774。

（5）产业结构、科技投入、人力资本以及"资源诅咒"对人均绿色 GDP 的直接效应和间接效应，在考虑资源消耗和环境成本的情况下，都显著降低了。这说明江西的生态环境优势对改善"资源诅咒"效应具有积极作用。

本节以江西矿产资源产业为对象,利用 2004—2014 年的数据,实证研究了"资源诅咒"效应的传导机制与传导途径。研究结论表明:无论是否将生态文明纳入考察因素,江西的"资源诅咒"效应均存在,只是在考虑环境的情况下,"资源诅咒"效应有所降低;对"资源诅咒"效应的传导机制与传导途径研究表明,产业结构、科技投入、人力资本均是江西"资源诅咒"效应的传导途径,但是在考虑环境的情况下,传导效应有所降低。

三、江西重点生态功能区"资源诅咒"的溢出效应研判

(一)理论解释、检验方法与数据来源

1. 江西矿业产业"资源诅咒"溢出效应的理论解释

溢出效应是区域经济学和地理学中的一个专有概念,主要用来衡量一个主体在开展某项活动或发生某种行为时对周围主体所产生的辐射影响,产生的影响有时是正向影响(正向溢出),有时是负向影响(负向溢出)。本节中江西矿业产业"资源诅咒"溢出效应主要是指江西各地区在依托优势矿业发展经济的同时,除了可能锁定本地经济的发展模式和发展路径,形成所谓的"资源诅咒"外,还可能通过区域之间的经济联系影响临近地区的发展模式和发展道路,从而产生"资源诅咒"的外溢效应。

2. 江西矿业产业"资源诅咒"溢出效应的检验方法

对溢出效应检验的主要思路是将空间相关性和空间异质性纳入对经济发展的影响中,这种思路在传统的计量经济模型中无法实现。随着空间计量经济理论的发展,学者们开始采用一些办法去测量经济主体之间的紧密程度,采用较多的是用空间权重矩阵来刻画主体之间的空间关系。

权重矩阵的构建分为两步:第一步判定主体 i 和 j 之间是否相邻。普遍的做法有两种:第一种是通过主体 i 和 j 之间是否有公共边界来判定,

公共边界根据研究者需要可以认定为一个点，也可以认定为一条边；第二种是通过主体 i 和 j 之间的距离限定来判定，研究者事先会根据研究对象的影响程度给定一个限定距离，当主体 i 和 j 的距离在限定距离之内认为 i 和 j 相邻，否则视为不相邻。第二步赋予权重，主体 i 和 j 相邻则赋值为 1，不相邻则赋值为 0。

对溢出效应的检验的方法较多，在选择具体的检验方法时，主要依赖于所获得的数据类型、数据质量来灵活选择。本课题所选用的检验方法主要是空间自相关、收敛方法以及空间误差模型（Spatial Error Model，SEM）和空间滞后模型（Spatial Lag Model，SLM）。

3. 数据来源

本节实证所用数据主要来源于以下各年统计资料：《江西统计年鉴》《江西省矿产资源总体规划（2008—2015 年）》《江西各地市统计年鉴》，部分资料来源于江西省国土资源厅网站、《中国矿业年鉴》《中国矿产资源统计年鉴》《国土资源统计年鉴》等。

（二）江西矿产资源产业 "资源诅咒" 的空间分析

运用空间自相关分析了 2004—2014 年江西矿产资源产业 "资源诅咒" 效应的空间效应。测量空间自相关的方法主要有 Moran's I、Geary C、Getis、Join count 等，本节采用最为常用的 Moran's I 指数，采用 GeoDa 软件计算，其公式如下：

$$I = \frac{n\sum\limits_{i=1}^{n}\sum\limits_{j=1}^{n}w_{ij}(x_i-\bar{x})(x_j-\bar{x})}{\sum\limits_{i=1}^{n}\sum\limits_{j=1}^{n}w_{ij}\cdot\sum\limits_{i=1}^{n}(x_i-\bar{x})^2}\ (\ i\ 不等于\ j) \tag{9-2}$$

其中，n 为样本容量，X_i 和 X_j 分别代表观察主体 i 和 j 的观测值，W_{ij} 代表观察主体 i 和 j 的临近关系，当 i 和 j 相邻时，$W_{ij}=1$，否则 $W_{ij}=0$。

从 Moran's I 全局指数来看，2004—2014 年江西矿产资源产业 "资源诅咒"效应显著大于 0，并且呈现出逐年下降的趋势，从 2004 年的 0.54 下降到 2014 年的 0.37（见图 9-3），表明江西矿产资源产业"资源诅咒"效应存在弱空间相关性，各地区之间的矿业产业呈逐渐弱集聚态势，也可以看出江西各地区之间的矿业产业联系不紧密，从某种程度上证明了江西各地区之间矿产经济联系不紧密，存在各自为战的情况。

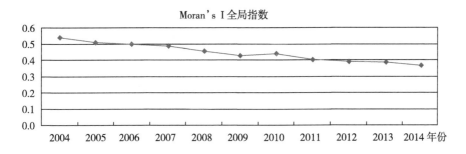

Moran's I 全局指数

图 9-3　矿产资源"资源诅咒"效应的 Moran's I 全局
指数演变（2004—2014 年）

（三）江西矿产资源产业"资源诅咒"的空间格局分析

Moran's I 全局指数无法反映地区内部的空间集聚动态特征，也不能反映某个区域的集聚特征，本部分对局部的 Moran's I 指数进行高高集聚（HH）、低低集聚（LL）、低高集聚（LH）和高低集聚（HL）等四种类型详细刻画，结果如下：

（1）从空间集聚的演变趋势看，2004 年 HH 地区占全省的 17%，LH 地区占全省的 25%，LL 地区占全省的 38%，HL 地区占全省的 20%，2014 年较 2004 年 HH 和 LL 地区数量均有所上升，且分别占 24 % 和 32%，其余区域占比都是下降的，其中，赣州和吉安由 2004 年的 LH 区域演变至 2014 年的 HH 区域，九江、萍乡、上饶从 LL 区域演变至 LH 区域，其余区域都没有发生明显变化。说明江西省矿产资源产业的"资源诅咒"效应在 2004—2014 年存在空间溢出效应，"资源诅咒"严重的地区对毗邻的地区具有明显的"负外部性"。

（2）从空间集聚的空间分布特征看，HH地区集聚分布在赣州、吉安、地区，LH地区集聚在九江、萍乡、上饶等地区，LL地区集聚在抚州、鹰潭、景德镇等地区，全省的其他地区则属于HL地区。江西矿产资源产业"资源诅咒"效应呈现出集聚模式。

（四）江西矿产资源产业"资源诅咒"的空间溢出效应分析

根据前面两部分的研究结论，本节将分别利用空间误差模型和空间滞后模型来检验江西矿产资源产业"资源诅咒"在空间上的溢出效应。本研究所建立的普通收敛模型、空间滞后模型和空间误差模型分别如公式（9-3）、公式（9-4）、公式（9-5）所示。

$$R = \beta X + \varepsilon \qquad\qquad (9-3)$$

$$R = \rho W_R + \beta X + \varepsilon \qquad\qquad (9-4)$$

$$R = \beta X + \varepsilon, \ \varepsilon = \lambda W_\varepsilon + \mu \qquad\qquad (9-5)$$

其中，R为被解释变量，X为解释变量矩阵，β为解释变量矩阵对应的系数向量，ρ为空间回归系数，用于测算研究对象的空间依赖作用，用来测算周边区域矿业产业发展对本区域影响方向和程度。W_R为被解释变量的空间滞后量，λ为空间误差系数，用于测量相邻区域有关被解释变量的误差对本区域的影响。ε和μ均服从于正态分布。空间滞后模型和空间误差模型的最大的区别在于空间效应作用的对象不同，空间滞后模型的空间效应作用于本区域的观测值，而空间误差模型的空间效应作用于误差项。

表9-6 绝对β收敛模型的检验结果（2004—2014年）

	普通收敛模型	空间误差模型	空间滞后模型
β	0.0919[**]	0.0895[**]	0.0897[**]
λ		0.3247[*]	
ρ			0.2745

续表

	普通收敛模型	空间误差模型	空间滞后模型
R^2	0.3678	0.3574	0.3586
LIK	−12.9821	−11.4728	−12.0019
AIC	30.4367	26.9672	30.1022
SC	33.8791	31.0391	35.3932
Robust LM（Error）	0.5126		
Robust LM（Lag）	0.0095		
Moran's I（Error）	2.3848**		

注：*、**、*** 分别表示在 10%、5%、1% 的显著性水平下显著。由于篇幅限制各自变量向量的系数在本表中未报告。

回归结果表明（见表 9-6）：无论是否考虑空间因素，江西矿产资源产业"资源诅咒"系数 β 值均大于 0，且在 0.05 的显著性水平下显著，拒绝绝对 β 收敛假说，表明在不考虑其他因素情况下，江西矿产资源产业"资源诅咒"不存在绝对 β 收敛。说明江西省各地区初始状况（资源禀赋情况、经济发展状况、产业结构状况、人力资本积累情况、科研投入等）对矿产资源产业"资源诅咒"影响较大，各地区对资源的依赖、地方政策、产业结构、创新研发等差异，导致各地区矿产资源产业"资源诅咒"呈现出非均衡的格局。

通过加入空间权重矩阵之后的误差项和滞后项来检验毗邻区域的"资源诅咒"在空间上的溢出效应。依据 LIK、AIC 和 SC 检验值发现空间误差模型拟合效果更佳。具体对江西而言，说明江西的资源产业发展依然是对本地区优势资源的过度依赖，产业结构发展不均，容易受到矿产资源的影响，江西省的矿产资源产业"资源诅咒"的空间溢出效应主要表现为极化效应。

本节利用 2004—2014 年江西各县市的数据，采用空间自相关和空间计量模型，实证研究了江西矿产资源产业"资源诅咒"的溢出效应。研究结果表明：江西矿产资源产业"资源诅咒"效应存在弱空间相关性，各地区之间的矿业产业呈逐渐弱集聚态势；从空间集聚的演变趋势看，江西省矿产资源产业的"资源诅咒"效应在2004—2014年存在空间溢出效应，"资源诅咒"严重的地区对毗邻地区具有明显的"负外部性"；从空间集聚的空间分布特征看，江西矿产资源产业"资源诅咒"效应呈现出集聚模式；空间计量模型结果显示江西省矿产资源产业"资源诅咒"的空间溢出效应主要表现为极化效应。

四、破解江西重点生态功能区"资源诅咒"的障碍因素分析

（一）政府政策层面，缺乏专门针对矿业改造升级和绿色发展的政策、具体配套措施也未跟上

长期以来，矿业产业的发展与环境之间的矛盾关系一直以来就备受关注。受制于经济发展和路径依赖等原因，江西对矿业产业的改造升级和绿色发展关注甚少，相关针对性的政策措施则更显滞后。由于缺乏政策导向，各地在制定具体的经济发展目标和产业扶持政策上，更多地强调经济发展水平（如GDP、税收等），而对涉矿产业的改造升级和绿色发展不甚关心。一些依托传统矿业发展较好的地区，也没有足够的动力将政策、资金、人才、科研投入向其他行业倾斜，这在很大程度上"固化"了"资源诅咒"效应，不利于江西矿业产业的持续健康发展。

（二）矿业产业结构层面：矿业结构不合理，以初级产品为主，高精深加工品少，产品附加值偏低

矿业产业集中度不高，大中型矿山仅占矿山总数的2.93%，部分矿山企业生产技术和工艺水平落后、生产规模偏小、科技含量偏低，矿产资源利用效率有待提高。重开发、轻保护，采主弃副、采富弃贫、采易弃

难、重采轻探、乱采滥挖、破坏资源与浪费资源等现象仍然存在（祝黄河，2014）。2014年的统计资料表明，采矿经济产值占比13%，冶炼和延压环节产值占比61.2%，材料加工和应用产值约占比23%。总体上，矿业中游环节强于上游和下游，材料深加工及应用发展缓慢，导致产品附加值不高。2014年江西省非金属矿物制品业主营业务收入超过1700亿元，而金属矿物制成品不及1000亿元，与矿业产业下游3万亿元的发展潜力相去甚远。

（三）矿业企业层面：中小企业普遍存在的现实使得企业以粗放式经营为主，对生态环境破坏严重

20世纪90年代，各地依托自身资源优势发展矿业经济，各地逐渐形成了以本地优势矿产资源为主导的矿业经济格局，个别县市涉矿产业规模已经占到该县市经济的一半以上。但目前由于省内大多数矿业企业研发力量和开拓市场的能力不足，以粗放式经营为主，无法向产业的高端应用领域延伸，也对矿业产业的整体升级无所助力。以江西矿产资源采选业为例，2014年全省采选业企业超过6300家，规模以上企业只有628家，仅占约10%，绝大部分的企业都是中小企业。中小规模的矿业企业仍然占据江西矿业产业的主导地位，使得矿业产业无序竞争，导致资源过度采掘，环境破坏严重。许多矿区植被破坏，水土流失严重，重金属、硫化物等严重侵蚀土壤，农业资源和地下水遭受污染。采矿破坏景观、资源开发污染环境、威胁重要基础设施安全的现象依然存在。目前，江西省因采矿造成的土地破坏以每年约40平方公里的速度增加（祝黄河，2014）。

（四）矿业产业技术层面：矿业产业整体技术水平落后，对矿产资源综合利用率不高

长期以来，江西省已经建立起了从矿产品勘探到开采、分拣、冶炼完整的矿业产业体系，但矿业产业整体技术研发水平滞后，尤其是矿业装

备制造技术与国外和国内先进地区有较大差距。相比之下，国外采选冶工艺设备及制造都已实现了低消耗、智能化，由于历史原因，江西省矿业企业许多新工艺和设备全面引进和利用仍有较大困难。江西省贫矿多、富矿少，难选矿多、易选矿少，共生矿多，单一矿少，导致矿产资源节约与综合利用总体水平不高，亟待开展对低品位、难处理矿产、非传统矿产资源和尾矿资源利用的新方法、新技术、新工艺等研究。目前，许多矿业企业以单一矿种的利用为主，不少矿山采主矿，弃共（伴）生矿，尾矿缺乏合理的处理措施，资源的综合利用、优势矿产的深加工水平和资源二次利用水平总体不高，造成了资源浪费。有色金属矿床中90%以上含有多种共（伴）生有用矿物和元素，综合回收利用的经济价值明显，但由于目前综合利用技术水平限制，综合利用难度大（祝黄河，2014）。

（五）矿产品供需结构层面：产品供给同质化严重，需求增幅减缓，价格波动明显

从供给层面来看，江西本省矿业企业多以矿产品原料供应为主，产品同质化严重，市场竞争加剧。随着国际矿类产品价格持续走低、进口矿产品的持续增加，主要大宗矿类产品的价格持续走低，直接影响江西矿业产业的持续积累和结构升级。随着"十二五"国家战略性新兴产业发展规划以及江西省所确立的十大战略新兴产业的出台落实，对矿类产品的需求，尤其是对矿产品精深加工产品的消费需求逐渐加大，有利于从市场需求方推动江西矿业产业的发展。在矿产品供需的共同作用下，矿类产品的价格波动明显。

（六）矿业空间布局层面：国家对矿业产业的空间布局和规划滞后，导致空间布局不合理，重复建设与恶性竞争严重

由于江西省矿产资源分布较为分散，经过对矿业产业的多年培育，很多地区的经济已经形成了对矿业产业的依赖，各地对矿产资源的开发和利

用存在严重的重复建设现象。为了加快矿业产业的升级和转型，势必会对矿业企业进行整合，一大批小企业将会被兼并重组，甚至会破产，这无疑将会直接影响地方的经济利益。在国家层面对矿业生产和应用产业的空间布局没有明确界定时，拥有优势矿产资源的地区就会努力做大做强矿业产业规模，以期未来在国家和地方政府的矿业产业发展的规划和布局中占据有利位置，在这场博弈中，做大矿业产业规模总是有利的。在这种观念的指引下，如果缺少相应的整体规划，各地依托本地矿产发展涉矿经济过程中，就会在客观上形成矿业产业的空间布局不合理，甚至是重复建设和恶性竞争。

本节主要从江西矿业产业的政府政策层面、结构层面、矿业企业层面、矿业产业的技术层面、矿产品供需需求的结构层面、矿业空间布局层面分析了破解江西矿产资源产业"资源诅咒"的障碍因素，以便为后续政策取向的提供指引。

五、本章主要观点

本章综合吸收了国内外学者在"资源诅咒"及方面的研究成果，首先研判江西重点生态功能区是否存在矿产资源的"资源诅咒"这一命题，进而识别和研究江西重点生态功能区的"资源诅咒"效应的传导机制与传导途径，进而分析了江西重点生态功能区"资源诅咒"的溢出效应。研究结论如下：①江西矿产资源的资源禀赋具有强大的比较优势，并且在江西经济版图中占据重要地位。江西已基本形成了稳定的依托矿业产业发展的工业体系和经济体系，江西所确立的未来十大战略性新兴产业大多数直接或间接是以矿产经济为发展方向，江西经济的发展基本做到了"因资源而兴"。②以绿色 GDP 为基础核算的江西"资源诅咒"的指数显示：2004 年以来，江西省一直存在矿业产业的"资源诅咒"现象，只是"资源诅咒"的程度在下降。从数理上证实了江西省矿产资源产业"资源诅咒"效应的存在性，以及其长期演变趋势。③无论是否将生态文明纳入考察因素，江西的自然资源"诅咒"效应均存在，只是在考虑环境的情况下，"资源诅咒"效应有所降低；对"资源诅咒"效应的传导机制与传导途径研究表明，产业结构、科技投入、人力资本均是江西"资源诅咒"效应的传导途径，但是在考虑环境的情况下，传导效应有所降低。④江西矿产资源产业"资源诅咒"存在显著的空间效应，全局 Moran's I 指数在样本期间为正，这说明江西矿产资源产业存在显著的空间相关性。局域 Moran's I 指数表明江西矿产资源产业在时间演变趋势和空间分布特征方面均存在明显的集聚效应，形成了所谓的"中心—外围"模式。空间计量模型结果表明，江西矿产资源产业"资源诅咒"效应存在正向的外部溢出，从而对相邻区域的资源产业发展产生了"负向模仿"效应。⑤江西重点生态功能区突破"资源诅咒"面临的突出障碍和制约因素主要集中在：政府政策层面缺乏专门针对矿业改造升级和绿色发展的政策，具体配套措施也未跟上；产业结构层面的矿业结构不合理，以初级产品为主，高精深加工品少，产品附加值偏低；企业层面的中小企业普遍存在的现实使得企业以粗放式经营为主，对生态环境破坏严重；技术层面的矿业产业整体技术水平落后，对矿产资源综合利用率不高；供需结构层面的产品供给同质化严重、需求增幅减缓、价格波动明显；空间分布层面的国家对矿业产业的空间布局和规划滞后导致空间布局不合理，重复建设与恶性竞争严重。

第十章 主要结论与政策建议

一、主要结论

（1）江西重点生态功能区生态补偿历程大致经历了生态理念和生态发展战略的萌芽时期、积极有为的推进时期和深入推进、制度构建、成效突出、全国示范等三个时期。主要做法是建立健全生态文明建设各项制度，筑牢生态安全屏障，以产业转型升级为支撑、以生态工程为抓手，取得了不错的效益。但同时也存在补偿主体单一、补偿标准过低、补偿评估机制缺失、监督与管理体制不健全等问题。造成以上问题的原因主要有生态资源的公共产品性质、资源生态服务功能供求不均衡、生态体制机制创新亟待突破、绿色发展的制约因素较多、基础工作技术支撑存在缺陷等。

（2）通过 CCR、BCC 和 SBM-DEA 模型对江西重点生态功能区生态补偿绩效进行了静态和动态评价，结果表明：①静态方面，全省重点生态功能区的生态补偿效率整体处于 0.7~1 之间，这表明全省重点生态功能区生态补偿效率整体较好，显示出全省对保护生态环境的意识普遍较高，有利于加快建设生态强省步伐。②动态方面，全省重点生态功能区县生态补偿绩效并未达到理想状态，虽然呈现出一定的波动特征，但保持相对稳定，并没有表现出明显的改善或恶化态势。具体而言，江西国家重点生态功能区各县生态补偿绩效呈现出明显的分化特征。全省 26 个国家级重点生态功能区县中，7 个县表现"优秀"，8 个县表现"良好"，6 个县表现"中等"，5 个县表现为"差"。③造成以上结果的原因可能是：尽管各县的生态补偿力度和规模都在逐步加大，但实际的实施方法和途径可能存在一定缺陷，地区的经济发展水平与质量及自然生态环境保护的效果都会因多种因素影响而不断变化。

（3）对江西重点生态功能区生态补偿绩效的差异进行了比较分析，并分析了造成绩效差异的原因。研究结果显示：①从不同地区国家重点生态功能区生态补偿绩效的差异比较来看，赣东北、赣北区域的变化趋势大体一致且基本位于有效生态效率水平之下，而赣东地区的生态水平则呈现出平稳趋势，起伏不大，且效率多集中在最佳效率水平，赣西与赣南的变化趋势在 2011 年之前基本相同，在 2011 年后呈现相反的变化趋势。②从不同类型国家重点生态功能区生态补偿绩效的差异比较来看，五种不同类型重点生态功能区的生态补偿绩效均呈现出明显震荡态势；从与平均绩效比较来看，五种不同类型重点生态功能区的生态补偿绩效也呈现出明显的分层特征，其中南岭山地森林生物多样性生态功能区生态补偿绩效在样本期间一直高于平均绩效水平，而武夷山脉水土保持生态功能区生态补偿绩效在样本期间则从未达到平均绩效水平，其他三种类型重点生态功能区的生态补偿绩效则围绕平均绩效水平上下波动。③从造成差异的原因看，身处赣东的抚州地区经济发展水平相对慢于其他两地区，辖区内矿产自然开采量较低，对生态环境的破坏较小，从而将资源劣势转变为生态优势；赣西的生态补偿绩效高于赣南地区的主要原因是赣南地区的经济结构长期依赖于涉矿产业，导致赣南"因资源而兴，因资源而困"，生态补偿绩效还需进一步提升。

（4）通过运用 SBM-Malmquist 指数对江西重点生态功能区生态补偿进行效率测度及驱动因素研究的结果表明：①从生态补偿综合效率的整体情况来看：时间演变趋势方面，除少数年份外，大部分年份生态补偿的综合效率未能达到理想状态，还存在不同程度的改善空间；空间格局方面，五种类型重点生态功能区生态补偿的综合效率均未能达到理想状态，其中南岭山地森林生物多样性生态功能区表现相对较好，怀玉山脉水源涵养生态功能区表现相对较差，其他三类的综合表现居于二者之间。②从生态补偿综合效率的区域差异来看：时间趋势上，五类重点生态功能区生态补偿的综合效率均不同程度地表现出"波动与微扬"的态势，即既有明显的波动，又在波动中呈现出略微上扬的趋势；区域差异上，五种类型重点生态功能区生态补偿的综合效率呈现出分异态势。③从江西重点生态功能区生态补偿效率分解的时间演化来看：综合效率方面，表现为既震荡又上升，在震荡中逐渐改善的演化趋势；效率分解方面，技术进步与纯技术效率在2003—2015年均呈现出上升的态势，一方面，在样本期间技术进步的上升幅度和整体表现要好于纯技术效率；另一方面，技术进步在2005—2006年曾呈现出短暂的下降，而后才进入快速改善区间，而纯技术效率在样本期间则一直表现为稳步的上升态势，而规模效率从整个样本期间来看只略有改善。④从江西重点生态功能区生态补偿效率分解的空间格局来看：就整体而言，样本期间除部分县区（莲花县、定南县、靖安县和黎川县）的生态补偿综合效率略有下降外，其他绝大部分国家重点生态功能区县的生态补偿综合效率均有小幅增长；全省国家重点生态功能区各县生态补偿的纯技术效率略有改善，整体效率增长率仅为0.5%；全省国家重点生态功能区各县生态补偿的规模效率改善较小，总体增长率仅为0.4%；全省国家重点生态功能区生态补偿的技术进步提升较快，年均提升幅度达到了25.6%。⑤江西重点生态功能区生态补偿效率驱动因素的理论与实证研究表明：第一，从全省样本来看，除"居民储蓄存款余额"外，第二产业与总产值占比、第三产业与总产值占比、城镇居民人均可支配收入、农村居民人均可支配收入和财政赤字占比均对江西重点生态功能区的生态补偿效率存在显著性影响。从影响方向来看，除"第二产业与总产值占比"对江西重点生态功能区的生态补偿效率是负向影响外，其他因素均为正向影响；第二，从影响程度来看，对江西重点生态功能区的生态补偿效率影响按程度依次为财政赤字占比、第三产业与总产值占比、农村居民人均可支配收入、城镇居民人均可支配收入和第二产业与总产值占比；第三，从不同类型样本来看，对五种不同类型的重点生态功能区而言，共同的影响因素是第三产业与总产值占比、农村居民人均可支配收入和财政赤字占比；第四，具体到五种不同类型重点生态功能区生态补偿效率的驱动因素，却存在着较大的差异，造成五种不同类型重点生态功能区生态补偿效率驱动因素差异的原因可能是：由于国家定位不同，造成不同类型国家重点生态功能区的生态禀赋、产业布局、财政投入、发展路径具有一定差异；第五，从空间效应来看，无论是全省样本还是不同类型样本的实证结果都表明生态补偿效率的空间效应存在（均为正空间效应），而且全省样本的空间效应均低于五种类型样本的空间效应；具体而言，五种不同类型国家重点生态功能区生态补偿效率的空间效应大小依次为南岭山地森林生物多样性生态功能区、罗霄山脉水源涵养生态功能区、武夷山脉水土保持生态功能区、怀玉山脉水源涵养生态功能区和幕阜山脉水土保持生态功能区。

（5）从组织机制、运行机制、考核机制和保障机制等四个维度探讨了江西重点生态功能区生态补偿示范机制。江西重点生态功能区生态补偿示范机制要从"点—线—面"入手，以"点"为基准，固点扩面，梯次推进江西重点生态功能区生态补偿的示范机制，打造好生态补偿资金"五个点"，承接好生态补偿法律法规"一条线"，保持好生态补偿共同参与"一个面"。组织机制上，明晰分工，厘清、理顺架构权责，建议"以政府为领头、以群众和社会动员为执行者、以高质量的示范框架和示范点为核心"，将政府放置于主导地位，将社会放置于主体地位，把示范效果真实化，把补偿标准明确化，把推广对象延伸化。运行机制上，应采取"政府理念和契约责任为内容、提供农民新收入源为有效手段、多方主体参与和高效管理机构为约束制度"的运行机制。考核机制上，要着力解决考核评价目标和内容不够明确（体系不够完善）、考核评价主体单一（过多依赖政府）、考核方法过于简单（无法真实体现效果）、考核标准不够规范（缺乏科学依据）等问题。保障机制上，要加大投入、通过培训形成方式保障、政府政策形成合力、开展示范活动激发活力、严格考核结果运用。

（6）梳理国内其他生态文明试验区（福建、贵州）和生态文明建设效果明显地区（青海、浙江等）重点生态功能区生态补偿的实践探索，尤其是从顶层设计、制度框架、主要举措、措施调整等多面，对江西完善和优化重点生态功能区的生态补偿实践具有重要参考价值。鉴于此，本章选取了福建、贵州、青海、浙江等生态文明建设先行探路者，通过分析其重点生态功能区开展生态补偿的实践探索，演绎出给江西重点生态功能区生态补偿的启示。研究结论发现：①四个省份在生态文明建设，尤其是重点生态功能区生态补偿的实践探索，既有相同举措，也有不同做法，但四个省份都根据自身目标定位、资源禀赋、经济社会发展状况探索了既符合自身实际又行之有效的生态文明发展道路，还为其他地区的重点生态功能区生态补偿提供了经验和智慧。四个省份开展重点生态功能区生态补偿的理论和实践成果都是习近平生态文明思想的地方实践，理论上"顶天"，成效上"立地"，值得江西学习借鉴。②四个省份都在产业布局、制度创新、工程建设等方面制定了重点生态功能区的整体规划，并配套了一些行之有效、符合地方实际的具体举措，生态文明建设成绩斐然。这些做法和经验，既体现出各级政府在生态文明建设顶层设计上"自上而下"的谋划和推动，又凝聚出生态文明建设参与者"自下而上"的创新智慧。梳理和总结兄弟省份开展重点生态功能区生态补偿的经验做法，对提升江西重点生态功能区生态补偿绩效和开展典型示范具有重要意义。③与此同时，四个省份的重点生态功能区生态补偿措施又存在一些特色和亮点，如福建在重点生态功能区的制度建设，尤其是在生态补偿制度创新、林权制度改革、强化政府监管制度等方面进行了积极探索，制度成果显著；贵州则在重大生态产业（如大健康产业、大数据产业、高科技项目、特色旅游产业等）布局上卓有成效，在目标评价考核体系建设、环境司法体系全覆盖、生态环境损害赔偿制度创新实践以及推动重点生态功能区生态补偿助力脱贫攻坚等方面取得了全国领先的经验成果；青海的突出亮点体现在狠抓生态工程建设上，确保生态工程在青海独特的地理区位上起到"四两拨千斤"的作用；浙江在"五水共治"、文明建设考核指标体系建设以及促进生态文明全民共建、成果全民共享等方面卓有成效。这些特色做法，对江西探索在不同地区分类探索、分类试点、因地制宜地开展重点生态功能区生态补偿，乃至推动全省生态文明试验区建设，都具有普遍的示范意义。

（7）通过研判江西重点生态功能区是否存在矿产资源的"资源诅咒"这一命题，进而识别和研究江西重点生态功能区"资源诅咒"效应的传导机制与传导途径，并分析了江西重点生态功能区"资源诅咒"的溢出效应。研究发现：①江西已基本形成了稳定的依托矿业产业发展的工业体系和经济体系，江西所确立的未来十大战略性新兴产业大多数直接或间接以矿产经济为发展方向，江西重点生态功能区的发展基本做到了"因资源而兴"。② 2004 年以来，江西重点生态功能区存在"资源诅咒"现象，但"资源诅咒"的程度在下降；无论是否将生态文明纳入考察因素，江西的自然资源"诅咒"效应均存在，只是在考虑环境的情况下，"资源诅咒"效应有所降低。③产业结构、科技投入、人力资本均为江西重点生态功能区"资源诅咒"效应的传导途径，但是在考虑环境的情况下，传导效应有所降低。④江西重点生态功能区涉矿产业在时间演变趋势和空间分布特征方面均存在明显的集聚效应，形成了所谓的"中心—外围"模式，并且"资源诅咒"效应存在正向的外部溢出，从而对相邻区域的发展产生了"负向模仿"效应。⑤江西重点生态功能区破解"资源诅咒"的突出障碍和制约因素主要集中在：政府政策层面的具体配套措施未跟上，产业结构层面的矿业结构不合理，企业层面对生态环境破坏严重，技术层面的整体技术水平落后，供需结构层面的产品供给同质化严重，空间分布层面的空间布局不合理。

（8）江西省应该充分利用国家支持江西发展三大战略的重大战略机遇期，优化和完善江西省重点生态功能区生态补偿的政策取向。一是利用国家生态文明试验区建设的重大战略机遇期，争取国家对江西重点生态功能区产业升级的政策倾斜；二是利用国家对赣南等原中央苏区的支持，争取国家重大示范政策向江西倾斜；三是利用国家精准扶贫战略，争取国家对江西的精准扶贫以发展绿色产业扶贫为先导。

二、政策建议

（一）利用生态文明试验区建设的重大战略机遇期，争取国家对江西重点生态功能区产业升级的政策倾斜

2016 年，国家批复江西省全境列入国家生态文明试验区建设，针对这样一项国家战略，应该争取中央预算内投资对江西原中央苏区和赣东北革命老区按照西部地区政策执行。加大中央投资对江西生态建设、节能减排、循环经济、污水垃圾处理、战略性新兴产业、重金属污染防治、水利工程、新能源、节能减排能力建设等项目支持力度。支持赣江、乐安河、信江、孔目江等流域污染治理。允许江西发售"生态文明建设彩票"，筹集资金专项用于生态文明试验区建设。现阶段，重点争取下列三个方面的产业升级政策。

1. 争取国家对江西重点生态功能区优化优势产业布局的支持

支持鄱阳湖生态经济区和赣南承接产业转移示范区列入国家出台的重点产业布局调整和产业转移区，全面改造提升产业升级改造，重点在高新技术产业方面寻求支持，鼓励航空航天、节能环保、新材料等江西十大战

略性新兴产业布局的重大项目优先落户江西，建设南昌、新余等国家级航空航天、重大装备制造产业基地。支持江西实施重大生态项目带动战略，加快推进生态产业技术进步。

2. 争取国家对江西重点生态功能加快化解过剩产能和淘汰落后产能的支持

研究制定优惠政策，加大中央投资力度，鼓励江西钢铁、石化、陶瓷等传统优势产业转型升级，加快整治存量过剩产能、淘汰和退出一批落后产能。支持江西钢铁企业重组和城市钢厂环保搬迁，采取等量置换方式整合钢铁产能向沿江布局，建设九江千万吨优质钢铁产业基地。实施好九江石化油品质量升级改造工程，建设国家级的九江石化产业园。

3. 争取国家加大对江西重点生态功能区内独立工矿区搬迁改造的支持力度

部分重点生态功能区内曾经是资源开采区，由此造成的土壤、森林、水等综合污染严重，呈现出典型的"中心—外围"扩散式的污染格局，严重破坏重点生态功能区山水林田湖草的生命共同体。必须借助生态文明试验区建设的重大战略机遇期，争取中央加大对重点生态功能区内矿区的搬迁改造力度，在搬迁政策、人员安置、资金扶持、对口帮扶、技术升级等方面给予倾斜，全面修复重点生态功能区的生态环境。

（二）利用国家对赣南等原中央苏区的支持，争取国家重大示范政策向江西重点生态功能区倾斜

2012 年，国务院发布《国务院关于支持赣南等原中央苏区振兴发展的若干意见》文件，开启了国家全面支持赣南等原中央苏区发展的大幕。该文件对赣南等原中央苏区的战略定位是：全国革命老区扶贫攻坚示范区，全国稀有金属产业基地、先进制造业基地和特色农产品深加工基地，重要的区域性综合交通枢纽，我国南方地区重要的生态屏障，红色文化传承创

新区（中央文件）。赣州市是全省国家重点生态功能区最为集中的地区，也是全国革命老区扶贫攻坚示范区和我国南方地区重要的生态屏障。

1. 争取中央对赣南矿业产业聚集区的重点生态功能区生态环境改造的支持力度

赣南矿区是江西省矿业产业集聚区，也是南岭生态屏障区，长期以来在该地区矿业产业的发展过程中对生态环境保护重视程度和力度不够，导致该地区生态环境损害严重。利用国家对赣南等原中央苏区振兴发展的政策契机，争取中央对该地区的生态环境改造予以重点支持。一是要争取对矿山生态环境综合治理的专项资金支持，开展遗留矿山的环境治理；二是要争取国家将涉矿重大生态环境改造项目优先落户赣南等原中央苏区，打造国家生态环境改造示范园；三是争取国家将涉矿重点矿业研发基地，尤其是共伴生矿、尾矿的相关研发基地落户赣南等原中央苏区，打造江西乃至国家的矿业产业开发、改造的科技高地。

2. 争取中央加大对江西重点生态功能区重金属污染综合治理工程的支持力度

争取中央财政支持江西赣江源头、乐安河流域等历史遗留重金属污染问题严重的河流源头地区，开展重金属废渣治理和受重金属污染土壤修复等工程，这些地区的水污染防控往往危害重、影响深、民怨大；争取中央支持江西环境脆弱地区开展重金属污染环境整治工作，重点在受重金属污染影响较大的重点生态功能区，建立污染重金属治理全国示范工程。

（三）利用国家精准扶贫战略，争取国家对江西的精准扶贫以发展重点生态功能区绿色产业扶贫为先导

2014年，国家七部委联合下发《建立精准扶贫工作机制实施方案》的文件，国家层面的扶贫战略开始由之前的"粗放式"的"输血式"扶贫，转移到精准扶贫的战略上来。由于历史、地理原因，江西的重点生态功能

区，同时也是生态环境的脆弱区和贫困人口的集聚区。26 个国家重点生态功能区中的 23 个是扶贫开发重点县或"西部政策"比照县，面临保护生态与脱贫攻坚的双重任务。这些地区有着大量的贫困县和贫困人口，是国家扶贫开发战略的重点实施地区。江西高度重视生态保护扶贫工作，2016年 5 月，印发《关于坚决打赢脱贫攻坚战的实施意见》，把生态保护扶贫列入省十大扶贫工程之一。2017 年 9 月，出台《江西省生态保护扶贫实施方案》，提出要加大生态系统保护与修复、推进环境综合治理、加大生态补偿力度、促进生态价值转换、积极开展试点示范等主要内容。2017 年 12 月，江西省编制实施《上犹县、遂川县、乐安县、莲花县生态扶贫试验区实施方案》，全面推进生态保护扶贫。国家精准扶贫战略应该和当地的生态文明建设协调起来，可以考虑从以下几个方面着手。

1. 加大对重点生态功能区转移支付力度

研究扩大南岭山地森林及生物多样性保护区范围，建设涵盖抚州、上饶、鹰潭、赣州有关市县在内的武夷山生态功能区，并列为国家限制开发重点生态功能区，将鄱阳湖—滨湖控制带地区纳入国家限制开发的重点生态功能区。

2. 落实东江源等重点生态功能区生态补偿机制

落实《国务院关于支持赣南等原中央苏区振兴发展的若干意见》（国发〔2012〕21 号）和《国务院关于大力实施促进中部地区崛起战略的若干意见》（国发〔2012〕43 号）精神，在东江源、鄱阳湖湿地、赣江源、抚河源等重点生态功能区开展生态补偿试点，落实国家生态补偿试点政策，建立东江源跨省流域生态补偿机制。支持在鄱阳湖试点实施湿地生态补偿，将鄱阳湖国际重要湿地、国家级湿地自然保护区、国家湿地公园作为试点对象，探索湿地生态效益补偿办法，保护湿地权利攸关方的权益。

3. 支持江西纳入全国农村环境连片整治示范省

在江西省范围内开展农村环境连片整治示范工作，进一步加大工作力度，促进饮用水源地、污水和垃圾处理、畜禽养殖污染防治、历史遗留重金属污染治理、农村面源污染防治等指标全面达到环保标准，激发农村生态创建的积极性，有效改善村容村貌，保护生态环境。支持江西设立小型实用技术研究创新平台，结合作为农业大省的实际，积极开展农村面源污染监测和防治技术、农村小型生活污水处理技术、畜禽养殖污染防治技术等多方面实用技术的研究和创新，为全国其他同类省市建设生态文明积累经验，提供示范。

（四）进一步深化重点生态功能区生态补偿各项工作

1. 拓宽补偿领域，创新补偿方式

实现补偿领域全覆盖。健全全省重点生态功能区域的生态保护补偿政策；启动鄱阳湖湿地国家公园体制试点，将生态保护补偿作为国家公园体制试点的重要内容；实行重点生态功能区湿地资源总量管理，将所有自然湿地纳入补偿范围；完善重点生态功能区生态公益林补偿标准动态调整机制；探索重点生态功能区建立耕地休养生息制度等农业生态环境补偿。

实现补偿方式多元化。引导和鼓励重点生态功能区域内外开发地区、受益地区与生态保护地区、流域上游与下游通过自愿协商建立横向补偿关系，采取资金补助、对口协作、产业转移、人才培训、共建园区等方式实施横向生态补偿。积极运用碳汇交易、排污权交易、水权交易、生态产品服务标志等补偿方式，探索市场化补偿模式。

2. 加大补偿资金力度，建立稳定投入机制

多渠道筹措补偿资金。探索从社会、市场等多渠道筹措资金，积极依托生态补偿工程项目开展 PPP 改革试点，促进生态补偿资金的良性循环。积极探索生态补偿资金投融资渠道，尝试开展建立生态补偿资金池制度，

尝试开展生态补偿资金用于稳定回报预期的投资方式，激发和创新生态补偿资金的"自我造血"能力。

多领域完善投入机制。积极推进自然资源资产价格改革，开展矿产资源有偿使用制度改革试点，调整矿业权使用费征收标准。完善各类资源有偿使用收入管理办法，逐步扩大资源税征收范围，加快开展环境税征收改革试点。允许相关收入用于开展相关领域生态保护补偿工作。

3.健全制度配套体系，完善补偿政策法规

健全配套制度体系。进一步深化产权制度改革，明确界定各生态资源的权属，完善产权登记、查询、运用制度。加快建立和完善生态补偿标准体系，根据不同领域、不同主体功能区、不同对象的特点，完善补偿测算体系和测算方法，分别制定生态补偿的标准。逐步建立生态补偿统计信息发布和查询制度，抓紧建立生态补偿效益评估的体制机制，积极培育生态服务的专业性评估机构和第三方评估机构。将生态补偿工作成效纳入地方政府的绩效考核，完善结果的运用制度。

4.完善补偿政策法规

要在认真总结近年实践经验基础上，加强对重点生态功能区规章制度建设的力度，完善和落实重点生态功能区负面清单、责任清单和权力清单等制度。加快研究起草《江西省生态补偿条例》《农业生态环境补偿办法》《江西省耕地河湖修养生息办法》等，明确这些领域生态补偿的基本原则、补偿范围、补偿对象、资金来源、补偿标准、相关利益主体的权利义务、考核评估办法、责任追究等，不断推进生态补偿的制度化和法制化。

（五）进一步精确瞄准重点生态功能区生态补偿，提升生态补偿绩效

第一，全省各部门和各县应结合各县资源禀赋及实际发展情况，因地制宜地制定相应的补偿标准、拓宽补偿资金来源、完善补偿法律法规，提

高利益相关者的参与度。第二，进一步健全和完善"后果严惩"制度体系，完善考核评价机制和考评指标体系，强化重点生态功能区党政领导干部"一岗双责"，做好经济社会发展与生态文明建设同评价、同考核的大文章；充分运用好考核评价结果，对领导干部实行精准追责、终身追究，增强党政领导干部对重点生态功能区发展的责任感、使命感和荣辱感；强化重点生态功能区领导干部的思想担当，牢固树立"功成不必在我，功成必定有我"的思想意识。第三，要合理调整与优化生态补偿规模，进而改善规模效率；加大对生态保护投入力度与强化环境污染治理技术能力，从而提升生态补偿的技术效率；进一步平衡协调县域间的生态补偿绩效差异，以促进全省重点生态功能区生态补偿绩效水平的整体提升。第四，进一步加大对重点生态功能区的支持力度，推动中央财政和省级财政增加用于重点生态功能区转移支付的规模，研究设立"碳基金"，支持重点生态功能区提升应对气候变化能力。

（六）促使重点生态功能区内的生态补偿向生态扶贫方向发力，进一步提升生态补偿的社会效益

1. 始终坚持把保护好生态环境作为推动生态扶贫的基础和底线，既要"金山银山"，更要"绿水青山"

一是加强天然林保护。2016 年启动实施了天然林保护工程，全面停止了国有天然林商业性采伐，协议停止了集体和个人天然林商业性采伐。目前，全省纳入天然林保护补助的面积为 2290.8 万亩（占全省国土面积的 9.2%），其中国有 340.3 万亩，集体 1950.5 万亩。二是加强湿地保护。2017 年印发《江西省湿地保护修复制度实施方案》，在推动落实过程中，重点支持贫困地区，下达专项资金支持莲花莲江、宁都梅江、万安湖等贫困县的国家湿地公园加快实施湿地保护与恢复项目。三是加强重点区域保护。将"五河"及东江源头、饮用水源保护地、自然保护区等特殊生

态功能区域全部纳入生态保护红线范围，红线面积占全省国土面积比例的28.06%。启动了遂川等贫困地区非国有森林赎买、租赁试点，加大了对生态功能重要区域的保护力度。

2. 全面落实对贫困地区的生态补偿，不让贫困群众守着绿水青山过穷日子，重点整合利用好四块资金

一是全流域补偿资金。江西是全国较早出台全流域生态补偿制度的省份，从 2016 年开始，实施了流域生态补偿，对所有县市区实施以水质为核心的补偿。2017 年，修订补偿办法，将贫困县作为分配因素，进一步加大对连片特困地区的补偿力度，经测算，2017 年，25 个贫困县获得全流域生态补偿资金 11.55 亿元，占全省资金总规模（26.9 亿元）的 42.93%。2018 年，又将补偿资金总量提高到 28.9 亿元，这些资金都作为财力性补偿支持贫困县的生态建设和民生工程。二是东江源生态补偿资金。2016 年10 月赣粤两省签署《东江流域上下游横向生态补偿协议》，明确两省每年各出资 1 亿元，共同设立东江流域上下游横向生态补偿资金，中央财政将依据水质考核情况拨付江西省奖励资金，三年预期可获两省补偿资金和中央奖励资金合计 15 亿元。目前，省财政厅已下达寻乌、安远、定南等东江源头区五县中央奖励资金和省级补偿资金共计 7 亿元。三是落实对贫困户的补偿资金。2018 年，全省安排建档立卡贫困人口生态护林员 1.4 万人，拨付专项资金 1.4 亿元，按照人均 1 万元计算，仅此一项，就可以解决全省 1.4 万户，近 6 万贫困人口直接脱贫。结合林下经济发展，支持生态护林员发展各类林下产业，推动这些贫困群众从当年的"靠山吃饭"到"守山致富"的转变。四是落实对生态资源的补偿资金。不断提高生态公益林补偿标准，全省自 2001 年试点启动生态公益林补偿以来，多次扩大公益林补偿面积，不断提高补偿标准，目前，全省纳入中央和省级财政补偿的公益林总面积达 5100 万亩，占全省森林总面积的 34%，补偿标准已经提

高至21.5元/亩·年。2018年，全省共下达生态公益林补偿资金10.96亿元，其中，安排25个贫困县资金4.08亿元，占全省总量的37.2%；下达天然林保护补助资金6.57亿元，其中安排25个贫困县资金超过2.36亿元，占全省总量的35.9%。五是突出政策项目资金倾斜。省直各部门在有关生态扶贫项目、资金、政策对生态扶贫试点县给予倾斜。其中，省林业厅通过封山育林、油茶低改、湿地保护等工程补贴、生态保护补偿、生态护林员补助等形式推动试验区的建设。2018年已累计安排四县林业资金1.3亿元，高于全省平均水平。

3. 积极推动贫困地区的生态价值向经济价值转变，让"绿水青山"变成"金山银山"

一是确定权属，把自然资源转变为资产。全面完成了全省林权确权登记，继续推进自然资源统一确权登记试点，贵溪市等五个试点地区基本完成试点任务。农村土地集体所有权、农户承包权、土地经营权"三权分置"全面铺开，农村宅基地改革向全省推广，自然资源资产管理体制改革试点正式启动。目前，正在研究制定自然资源资产的"权利清单"。二是产业导入，推动自然资源资产价值化。探索"公司+基地+农户"等多种新模式。积极探索自然资源折价入股等形式，推动大余丫山景区、遂川狗牯脑茶叶种植基地等接受贫困群众"林权、地权"入股，每年享受分红的同时，实现就近安排就业。三是试点示范，探索生态价值实现多元模式。四个生态扶贫试验区发挥示范作用，引领生态保护扶贫。乐安县大力实施"26522工程"，建成贵澳大数据农旅等示范园和产业园。遂川县组建文化旅游开发有限公司，吸纳贫困户入股，共享发展，带动贫困户脱贫；莲花县全面规划"四大板块"旅游项目，全年累计接待游客500余万人次。上犹县构建"公共服务体系+农产品营销体系+村级电商服务站点+贫困户"扶贫新模式，建成1个县城电商创业孵化园和102个乡村电商服务站、1

个"邮乐购"县级服务中心，重点销售特色农产品，如茶叶、茶油、生态鱼、笋干、蜂蜜等。

4. 进一步抓好各项政策措施的落地落实

一是持续加强生态补偿，全面执行《东江流域生态环境保护和治理实施方案》，探索生态公益林和天然林"以效益论补偿"新机制，推动贫困县建立补偿资金与扶持贫困群众挂钩机制，将25个贫困县的无主矿山纳入各级财政支持范围。二是大力培育绿色生态产业，重点发展高产油茶、花卉苗木等特色优势产业。选择部分贫困县开展生态价值评估试点，积极开发贫困地区农业生态、旅游观光、文化教育等多种产业功能。加大绿色金融扶持力度，支持贫困地区企业利用资本市场融资，增强贫困地区自我发展能力。三是加大生态系统保护和修复力度，倾斜安排贫困县管护补助资金，加大封山育林力度，积极开展人工造林、提高森林质量。四是建立健全生态扶贫工作考核机制，加大督查推进力度，做到有计划、有措施、有检查、有考核、有奖惩，确保生态扶贫工作规范化、常态化和长效化。

参考文献

［1］宏观经济研究院国土所课题组.限制和禁止开发区域利益补偿基本思路［J］.宏观经济管理，2008（6）：44-46.

［2］王昱，丁四保，王荣成.区域生态补偿的理论与实践需求及其制度障碍［J］.中国人口·资源与环境，2010（7）：74-80.

［3］赖力，黄贤金，刘伟良.生态补偿理论、方法研究进展［J］.生态学报，2008（6）：2870-2877.

［4］王昱，王荣成.我国区域生态补偿机制下的主体功能区划研究［J］.东北师大学报（哲学社会科学版），2008（4）：17-21.

［5］李炜.大小兴安岭生态功能区建设生态补偿机制研究［D］.哈尔滨：东北林业大学，2012.

［6］Farley J. et al. Payments for Ecosystem Services：From Localto Global［J］.*Ecological Economics*，2010，69（7）：3697-3705.

［7］李宝林，等.国家重点生态功能区生态环境保护面临的主要问题与对策［J］.环境保护，2014（12）：15-18.

［8］尕丹才让.三江源区生态移民研究［D］.西安：陕西师范大学，2013.

［9］王昱.区域生态补偿的基础理论与实践问题研究［D］.长春：东北师范大学，2009.

［10］万军，等.中国生态补偿政策评估与框架初探［J］.环境科学研究，2005（2）：1-8.

［11］任世丹.重点生态功能区生态补偿正当性理论新探［J］.中国地质大学学报（社会科学版），2014（1）：17-21.

［12］Matthias A., Bernhard S., Martin K., et al. Effects of Ecological Compensation Meadows on Arthropod Diversity in Adjacent Intensively Managed Grassland［J］. *Biological Conservation*，2010（143）：642-649.

［13］吴旗韬，等.南岭生态功能区产业选择及发展路径探索［J］.生态经济，2014（2）：88-92.

［14］张建肖，安树伟.国内外生态补偿研究综述［J］.西安石油大学学报（社会科学版），2009（1）：23-28.

［15］毛显强，钟瑜，张胜.生态补偿的理论探讨［J］.中国人口·资源与环境，2002（4）：40-43.

［16］徐鸿，郑鹏，赵玉.矿产资源开发的生态补偿研究进展及述评［J］.东华理工大学学报（社会科学版），2014，33（1）：7-10.

［17］Chang l-shi, et al. Ecological Compensation for Natural Resource Utilization in China［J］. *Journal of Environmental Planning and Management*，2014（57）：273-296.

［18］李雪松，孙博文.生态补偿视角下环境污染责任保险制度设计与路径选择［J］.保险研究，2014（5）：13-20.

［19］李国平，郭江.能源资源富集区生态环境治理问题研究［J］.中国人口.资源与环境，2013（7）：42-48.

［20］王德凡.内在需求、典型方式与主体功能区生态补偿机制创新［J］.改革，2017（12）：93-101.

［21］孔凡斌.江河源头水源涵养生态功能区生态补偿机制研究——以江西东江源区为例［J］.经济地理，2010（2）：299-305.

［22］邓远建，肖锐，严立冬 . 绿色农业产地环境的生态补偿政策绩效评价
［J］. 中国人口·资源与环境，2015（1）：120-126.

［23］Zbinden, et al. Paying for environmental services: An analysis of
participation in Costa Rica's PSA Program ［J］. *World Development*,
2005, 33（2）：255-272.

［24］陈作成 . 新疆重点生态功能区生态补偿机制研究［D］. 石河子：石河
子大学，2014.

［25］秦艳红，康慕谊 . 国内外生态补偿现状及其完善措施［J］. 自然资源
学报，2007（4）：557-567.

［26］Sierra, et al. On the Efficiency of Environmental Service Payments: A
Forest Conservation Assessment in the Osa Peninsula, Costa Rica ［J］.
Ecological Economics, 2006（59）：131-141.

［27］张辉 . 我国林业生态补偿的绩效评价［D］. 杭州：浙江理工大学，
2016.

［28］宋蕾 . 矿产开发生态补偿理论与计征模式研究［D］. 北京：中国地质
大学（北京），2009.

［29］龚靓 . 完善江西省森林生态效益补偿制度的若干建议［J］. 江西农业
大学学报（社会科学版），2007（2）：53-56.

［30］邹赟 . 完善重点生态功能区生态补偿机制研究［J］. 价格月刊，2014
（6）：1-4.

［31］张涛，成金华 . 湖北省重点生态功能区生态补偿绩效评价［J］. 中国
国土资源经济，2017，30（5）：37-41.

［32］杨晓晨 . 生态补偿资金绩效审计评价指标体系构建［J］. 商业会计，
2017（8）：73-75.

［33］江媛媛 . 基于 DEA 的企业环境绩效评价方法研究［D］. 青岛：中国

海洋大学，2010.

［34］刘雨林.关于西藏主体功能区建设中的生态补偿制度的博弈分析［J］. 干旱区资源与环境，2008（1）：7-15.

［35］Charnes A., Cooper W. W., Wei Q. L., et al.Cone Ratio Data Envelopment Analysis and Multi-objective Programming［J］. *International Journal of Systems Science*, 1989, 20（7）：1099-1118.

［36］尤鑫.生态补偿理论与实践体系建设研究［J］.江西科学，2013（3）： 399-402.

［37］尹科，王如松，梁菁.国内外生态效率核算方法及其应用研究述评 ［J］.生态学报，2012，32（11）：3595-3605.

［38］朱剑锋.基于DEA方法的公共文化服务绩效评价实证研究［D］.武 汉：武汉大学，2014.

［39］程晓娟.湖南省生态效率DEA分析——基于2001—2010年数据的实 证［J］.科技与管理，2013，15（3）：63-66.

［40］孔佳南.赣闽粤原中央苏区生态效率评价研究［D］.上海：东华理工 大学，2016.

［41］吴晓军.关于江西省生态文明建设和生态环境状况的报告［EB/OL］. http://xxgk.xingguo.gov.cn/bmgkxx/jsj/gzdt/zwdt/201702/t20170216_ 422473.htm

［42］国家生态文明试验区（江西）实施方案［EB/OL］.人民网，http:// politics.people.com.cn/n1/2017/1003/c1001-29571827.html.

［43］杨珞瑶，曾佳.生态这边独好——资溪县生态文明建设纪实［N］.抚 州日报，2015-12-28（1）.

［44］陈俊.浙江重点生态功能区生态保护补偿实践效果及其对策研究 ［D］.杭州：浙江农林大学，2018.

［45］伏润民，缪小林.中国生态功能区财政转移支付制度体系重构——基于拓展的能值模型衡量的生态外溢价值［J］.经济研究，2015，50（3）：47-61.

［46］Aldy J. E., Krupnick A. J., Newell R. G., et al. Designing Climate Mitigation Policy［J］. *Journal of Economic Literature*，2010，48（4）：903-934.

［47］White A., Scherr S., Khare A. For Services Rendered：The Current Status and Future Potential of Markets for the Ecosystem Services Provided by Tropical Forests［J］. *Acta Orthopaedica Scandinavica*，2004，18（4）：436-476.

［48］李宁.长江中游城市群流域生态补偿机制研究［D］.武汉：武汉大学，2018.

［49］李智，张小林，李红波.基于PES模型的区域生态补偿额度的测算研究——以江苏省为例［J］.国土与自然资源研究，2014（5）：40-44.

［50］侯超芳.矿产资源开发生态补偿制度探讨［D］.太原：山西大学，2013.

［51］杨阳阳.矿产资源生态补偿法律制度研究［D］.沈阳：辽宁大学，2013.

［52］徐绍史.以十八大精神统领国土资源工作 为全面建成小康社会作出新贡献——在全国国土资源工作会议上的报告［J］.国土资源通讯，2013（2）：6-14.

［53］郝庆，孟旭光.对建立矿产资源开发生态补偿机制的探讨［J］.生态经济，2012（9）：90-92.

［54］王世进，卢俊辉.论矿产资源开发生态补偿制度的完善［J］.江西理工大学学报，2012，33（2）：49-52.

［55］刘月玲，朱建雯.新疆煤炭开采的主要环境影响及生态补偿机制对策研究［J］.安徽农学通报（上半月刊），2012，18（1）：122-123，137.

［56］康新立，潘健，白中科．矿产资源开发中的生态补偿问题研究［J］．
资源与产业，2011，13（6）：141-147.

［57］张式军，王凤涛．破解"矿竭城衰"难题的法律经济学方案［J］．法
学评论，2011，29（5）：100-105.

［58］彭秀丽，谭键．湖南"两型社会"建设纵深推进中的矿产开发与矿区
环境保护［J］．湖南社会科学，2011（3）：118-121.

［59］王承武，孟梅，蒲春玲．新疆矿产资源开发生态环境补偿机制研究
［J］．生态经济（学术版），2011（1）：345-349.

［60］李军．矿产资源生态补偿制度探究［J］．重庆科技学院学报（社会科
学版），2011（4）：92-93.

［61］宋建军．完善矿产开发生态补偿机制的建议［J］．宏观经济管理，
2011（2）：32-33.

［62］曹国华，王小亮，阮利民．实物期权法在生态补偿额测定中的应用
［J］．华东经济管理，2010，24（3）：23-26.

［63］李婷．欧盟生态标签制度评析及启示［J］．海南大学学报（人文社会
科学版），2008（5）：507-511.

［64］何承耕，谢剑斌，钟全林．生态补偿：概念框架与应用研究［J］．亚
热带资源与环境学报，2008（2）：65-73.

［65］宋红丽，薛惠锋，董会忠．流域生态补偿支付方式研究［J］．环境科
学与技术，2008（2）：144-147.

［66］吕忠梅．"绿色"民法典的制定——21世纪环境资源法展望［J］．郑
州大学学报（哲学社会科学版），2002（2）：10-11.

［67］Jack B. K., Kousky C., Sims K. R. E. Designing Payments for Ecosystem
Services: Lessons from Previous Experience with Incentive-based
mechanisms［J］. *Proceedings of the National Academy of Sciences of the*

United States of America, 2008, 105（28）: 9465–9470.

［68］Jenkins T. N. Economics and the Environment: a Case of Ethical Neglect［J］. *Ecological Economics*, 2004, 26（2）: 151–163.

［69］Martin–Ortega J., Brouwer R., Aiking H. Application of A Value–based Equivalency Method to Assess Environmental Damage Compensation under the European Environmental Liability Directive［J］. *Journal of Environmental Management*, 2011, 92（6）: 1461–1470.

［70］Ansink E., Houba H. Market Power in Water Markets［J］. *Journal of Environmental Economics and Management*, 2012, 64（2）: 237–252.

［71］Milne S., Adams B. Market Masquerades: Uncovering the Politics of Community - level Payments for Environmental Services in Cambodia［J］ *Development & Change*, 2012, 43（1）: 133–158.

［72］Cranford M., Mourato S. Community Conservation and A Two-stage Approach to Payments for Ecosystem Services［J］. *Ecological Economics*, 2011, 71（none）: 89–98.

［73］Blackman A., Woodward R. T. User Financing in A National payments for Environmental Services Program: Costa Rican Hydropower［J］. *Ecological Economics*, 2010, 69（8）: 1626–1638.

［74］Fletcher R., Breitling J. Market Mechanism or Subsidy in Disguise? Governing Payment for Environmental Services in Costa Rica［J］. *Geoforum*, 2012, 43（3）: 402–411.

［75］Schomers S., Matzdorf B. Payments for Ecosystem Services: A Review and Comparison of Developing and Industrialized Countries［J］. *Ecosystem Services*, 2013, 6（Complete）: 16–30.

［76］Alix–Garcia J., De Janvry A., Sadoulet E. The Role of Deforestation Risk and Calibrated Compensation in Designing Payments for Environmental Services [J]. *Environment and Development Economics*, 2008, 13（3）: 375–394.

[77] Tobias W., Engel S. International Payments for Biodiversity Services: Review and Evaluation of Conservation Targeting Approaches [J]. *Biological Conservation*, 2012, 152: 222–230.

[78] Rico G. L., Ruiz Pérez Manuel, Irene I. A., et al. Building Ties: Social Capital Network Analysis of A Forest Community in A Biosphere Reserve in Chiapas, Mexico [J]. *Ecology and Society*, 2012, 17（3）: art3.

[79] Persson U. M., Alpízar F. Conditional Cash Transfers and Payments for Environmental Services–A Conceptual Framework for Explaining and Judging Differences in Outcomes [J]. *World Development*, 2013, 43（3）: 124–137.

[80] 杨璐迪, 曾晨, 焦利民, 刘钰. 基于生态足迹的武汉城市圈生态承载力评价和生态补偿研究 [J]. 长江流域资源与环境, 2017, 26（9）: 1332–1341.

[81] 肖建武, 余璐, 陈为, 沈陈忱. 湖南省区际生态补偿标准核算——基于生态足迹方法 [J]. 中南林业科技大学学报（社会科学版）, 2017, 11（1）: 27–33, 39.

[82] 卢新海, 柯善淦. 基于生态足迹模型的区域水资源生态补偿量化模型构建——以长江流域为例 [J]. 长江流域资源与环境, 2016, 25（2）: 334–341.

[83] 申开丽, 王晓艺, 林广, 刘瑜, 毛惠萍. 生态屏障地区的生态补偿资金绩效评估研究 [J]. 环境保护科学, 2017, 43（6）: 71–77.

［84］熊玮，郑鹏，赵园妹.江西重点生态功能区生态补偿的绩效评价与改
进策略——基于 SBM-DEA 模型的分析［J］.企业经济，2018（12）：
34-40.

［85］马庆华，杜鹏飞.新安江流域生态补偿政策效果评价研究［J］.中国
环境管理，2015，7（3）：63-70.

［86］徐大伟，李斌.基于倾向值匹配法的区域生态补偿绩效评估研究［J］.
中国人口·资源与环境，2015，25（3）：34-42.

［87］郭玮，李炜.基于多元统计分析的生态补偿转移支付效果评价［J］.
经济问题，2014（11）：92-97.

［88］岳思羽.汉江流域生态补偿效益的评价研究［J］.环境科学导刊，
2012，31（2）：42-45.

［89］喻光明，鲁迪，林小薇，车懿，陶文星，景高了.土地整理规划中的
自然生态补偿评价方法探讨［J］.生态环境，2008（4）：1702-1706.

［90］Mehrara M. The Asymmetric Relationship Between Oil Revenues and
Economic Activities：The Case of Oil-exporting countries［J］. *Energy
Policy*，2008，36（3）：1164-1168.

［91］Kolstad I. and Soreide T. Corruption in natural resource management：
Implications for policy makers.［J］. *Resources Policy*，2009（34）：
214-226

［92］陈仲常，谢波，丁从明.体制双轨制视角下的"中国式资源诅咒"研
究［J］.科研管理，2012（8）：153-160.

［93］Gylfason T. Natural resources, education and economic development［J］.
European economic review，2001，45（4）：847-859.

［94］Papyrakis E., Gerlagh R. The Resource Curse Hypothesis and Its
Transmission Channels［J］. *Journal of Comparative Economics*，2004，

32（1）：181–193.

［95］Gylfason T., Zoega G. Natural Resources and Economic Growth：The Role of Investment［J］. *The World Economy*, 2006，29（8）：1091–1115.

［96］Annie Walker. An Empirical Analysis of Resource Curse Channels In the Appalachian Region，Department of Economics West Virginia University ［J］. Working Paper ，2013–02.

［97］杨莉莉，邵帅.人力资本流动与资源诅咒效应：如何实现资源型区域的可持续增长［J］.财经研究，2014（11）：44–60.

［98］王成.突破"资源诅咒"促进资源型地区可持续发展［J］.宏观经济管理，2010（7）：45–47.

［99］邵帅，范美婷，杨莉莉.资源产业依赖如何影响经济发展效率？——有条件资源诅咒假说的检验及解释［J］.管理世界，2013（2）：32–63.

［100］孙大超，司明.自然资源丰裕度与中国区域经济增长——对"资源诅咒"假说的质疑［J］.中南财经政法大学学报，2012（1）：84–89+144.

［101］邵帅，齐中英.西部地区的能源开发与经济增长——基于"资源诅咒"假说的实证分析［J］.经济研究，2008（4）：147–160.

［102］钟兆修.开放式城市绿色 GDP 的研究［J］.统计研究，2001（10）：21–25.

［103］彭涛，吴文良.绿色 GDP 核算——低碳发展背景下的再研究与再讨论［J］.中国人口.资源与环境，2010（12）：81–86.

［104］安锦，王建伟.资源诅咒：测度修正与政策改进［J］.中国人口·资源与环境，2015（3）：91–98.

［105］张慧生.自然资源流量测度与经济分析［D］.厦门：厦门大学，2014.

［106］骆水华.江西省矿产资源概况［DB/OL］.江西省国土资源部网站：

http:// www.jxgtt.gov.cn/News.shtml? p5=41062.

[107] 祝黄河 . 论真理 出良策 建真言——建设富裕和谐秀美江西策论 [M].
北京：社会科学文献出版社，2014.

[108] 徐贻赣 . 鄱阳湖生态经济区矿业经济发展战略研究 [D]. 北京：中
国地质大学（北京），2013.

[109] 彭定岗 . 江西矿业发展战略研究 [D]. 南昌：南昌大学，2014.

[110] 纪衍 . 福兮祸兮：中国是否存在"资源诅咒" [D]. 厦门：厦门大
学，2013.

[111] 车国庆 . 中国地区生态效率研究——测算方法、时空演变及影响因
素 [D]. 吉林：吉林大学，2018.

[112] 张虎平，关山，王海东 . 中国区域生态效率的差异及影响因素 [J].
经济经纬，2017，34（6）：1–6.

[113] 杨亦民，王梓龙 . 湖南工业生态效率评价及影响因素实证分析——
基于 DEA 方法 [J]. 经济地理，2017，37（10）：151–156，196.

[114] 吴传清，黄磊 . 承接产业转移对长江经济带中上游地区生态效率的
影响研究 [J]. 武汉大学学报（哲学社会科学版），2017，70（5）：
78–85.

[115] 卢燕群，袁鹏 . 中国省域工业生态效率及影响因素的空间计量分析
[J]. 资源科学，2017，39（7）：1326–1337.

[116] 吴义根，冯开文，曾珍，项桂娥 . 外商直接投资、区域生态效率的
动态演进和空间溢出——以安徽省为例 [J]. 华东经济管理，2017，
31（6）：16–24.

[117] 顾程亮，李宗尧，成祥东 . 财政节能环保投入对区域生态效率影响
的实证检验 [J]. 统计与决策，2016（19）：109–113.

[118] 张雪梅，罗文利 . 产业集聚对区域生态效率的影响研究——基于西

部的省际数据［J］.南京航空航天大学学报（社会科学版），2016，18（3）：23-26.

[119] 钟成林，胡雪萍.自然资源禀赋对区域生态效率的影响研究［J］.大连理工大学学报（社会科学版），2016，37（3）：19-26.

[120] 郭露，徐诗倩.基于超效率DEA的工业生态效率——以中部六省2003—2013年数据为例［J］.经济地理，2016，36（6）：58，116-121.

[121] 汪克亮，孟祥瑞，程云鹤.环境压力视角下区域生态效率测度及收敛性——以长江经济带为例［J］.系统工程，2016，34（4）：109-116.

[122] 韩永辉，黄亮雄，王贤彬.产业结构优化升级改进生态效率了吗？［J］.数量经济技术经济研究，2016，33（4）：40-59.

[123] 张子龙，王开泳，陈兴鹏.中国生态效率演变与环境规制的关系——基于SBM模型和省际面板数据估计［J］.经济经纬，2015，32（3）：126-131.

[124] 李胜兰，初善冰，申晨.地方政府竞争、环境规制与区域生态效率［J］.世界经济，2014，37（4）：88-110.

[125] Kelejian H. H., Prucha I R. On the Asymptotic Distribution of the Moran I test Statistic with Applications［J］. *Journal of Econometrics*，2001，104（2）：219-257.

[126] Qu X., Lee L. F. LM Tests for Spatial Correlation in Spatial Models with Limited Dependent Variables［J］. *Regional Science and Urban Economics*，2012，42（3）：430-445.

[127] Lesage J. P. Bayesian Estimation of Limited Dependent Variable Spatial Autoregressive Models［J］. *Geographical Analysis*，2000，32（1）：19-35.

［128］徐大伟，李斌．基于倾向值匹配法的区域生态补偿绩效评估研究［J］．中国人口·资源与环境，2015，25（3）：34-42.

［129］李国平，李潇，汪海洲．国家重点生态功能区转移支付的生态补偿效果分析［J］．当代经济科学，2013，35（5）：58-64+126.

［130］Bremer L. L., Farley K. A., Lopez-Carr D., et al. Conservation and Livelihood Outcomes of Payment for Ecosystem Services in the Ecuadorian Andes：What is the potential for 'win-win'？［J］. *Ecosystem Services*，2014（8）：148-165.

［131］Hejnowicz A. P., Raffaelli D. G., Rudd M. A., et al. Evaluating the Outcomes of Payments for Ecosystem Services Programmes Using a Capital Asset Framework［J］. *Ecosystem Services*，2014（9）：83-97.

［132］刘晋宏，孔德帅，靳乐山．生态补偿区域的空间选择研究——以青海省国家重点生态功能区转移支付为例［J］．生态学报，2019，39（1）：53-62.

［133］邹晓明，等．打造生态文明建设"江西样板"的实现路径研究［M］.北京：经济科学出版社，2016.

［134］岳琳．近五年农家书屋研究热点评析与展望［J］.陕西理工大学学报（社会科学版），2018，36（5）：15-20.

［135］孟根陶乐．重点生态功能区生态补偿机制研究［D］.成都：西南交通大学，2018.

［136］王鹤霏．农村电商扶贫发展存在的主要问题及对策研究［J］.经济纵横，2018（5）：102-106.

［137］王健睿．湖北省重点生态功能区县域生态环境质量监测与评价［D］.武汉：华中师范大学，2017.

［138］陈高雅，赵学义．省级重点生态功能区生态补偿机制研究［J］.洛阳

理工学院学报（社会科学版），2015，30（3）：81-87.

［139］唐仕钧. 重点生态功能区生态补偿机制研究［J］. 价格月刊，2015（2）：80-83.

［140］王衍榛. 农村空巢老人公共体育服务组织保障体系研究［J］. 体育文化导刊，2014（7）：32-35.

［141］齐莹莹. 新疆农业科技成果转化示范基地建设效果评价与管理运行机制研究［D］. 乌鲁木齐：新疆农业大学，2012.

［142］刘丽. 我国国家生态补偿机制研究［D］. 青岛：青岛大学，2010.

［143］刘江宜，可持续性经济的生态补偿论［M］. 北京：中国环境出版社，2012.

索 引

后　记

　　本书撰写的初衷来自我们对江西省生态文明建设实践探索的观察和总结。早在 2014 年江西省获批生态文明先行示范区建设始，我们就开始系统关注江西省生态文明建设的理论和实践探索。在对生态文明建设和国土空间开发格局领域研究的积累之下，本书的两位作者于 2016 年分别获批江西省社科智库专项"江西重点生态功能区生态补偿的绩效评价与改进策略研究"和江西省社科青年项目"江西重点生态功能区实行产业准入的负面清单研究"，并作为排序第二的参与人参与国家社科基金项目"重点生态功能区实行产业准入的负面清单管理模式研究"和江西省经济社会发展重大招标课题"打造生态文明建设'江西样板'的实现路径研究"。作为排序第二的参与者撰写的专著《打造生态文明建设"江西样板"的实现路径研究》获得江西省第十七次社会科学优秀成果二等奖。随着对生态文明建设有关理论和实践问题研究的不断积累，我们在 2017 年申请并获批了江西省青年科学基金项目"江西重点生态功能区生态补偿的绩效评价与示范机制研究"（项目编号：20171BAA218020），本书既是该科研项目的最终研究成果，又是我们多年来对江西生态文明建设研究的总结。

　　该项目立项以来，课题组历时两年先后赴江西省武宁县、井冈山市、修水县、寻乌县、遂川县、南丰县、宜黄县、资溪县等江西省重点生态功能县，以及赴浙江省长兴县和嘉善县、贵州省贵阳市开展实地调研，并深度访谈了这些地区的基层官员，掌握了大量的一手资料。此外，课题组还赴江西省发改委、江西省统计局、江西省图书馆和江西省所有重点生态功能区县所属地市，全面收集和整理了江西省开展生态文明建设的总体方案及具体举措，尤其是专门针对重点生态功能区的突出做法、江西省所有重点生态功能区县开展生态文明建设的总体方案，以及相应的主要经济指标数据和环境方面的数据，形成了完整的二手资料数据库集。大量一手和二手资料的准备，为本书的完成和出版奠定了坚实的基础。

本书的部分内容以论文形式发表于《企业经济》《生态经济》《老区建设》等学术期刊上，部分成果形成的研究报告通过政府内参渠道报送至相关省直部门和市县区政府机构，取得了良好的社会效益。

本书自 2017 年初春始，至 2019 年盛夏完稿，已历时两年有余，得到了很多领导、同事、朋友、家人的帮助和鼓励。值此书付梓之际，特别感谢江西省新余市常务副市长徐鸿教授，徐鸿教授与我虽无师生之名，却有师生之实，从我到东华理工大学工作以来，在工作、学习、生活多方面给予我诸多帮助，在此深表谢意！感谢江西省社科院原党组书记、江西省人民政府参事姜玮同志对本书提出的建议，整体上使本书变得更好。感谢江西省区域经济与社会发展研究院胡孝桂常务副院长及各位同仁给予我的诸多关照！感谢东华理工大学地质资源经济与管理研究中心主任邹晓明教授，经济管理学院熊国保院长、李兴平副院长、马杰副院长、马智胜教授、戴军教授、张坤教授、赵玉教授、李争博士、张丽颖博士、李胜连博士和张玉老师等领导、同事和朋友一直以来对我的关心和帮助！感谢东华理工大学科研与科技开发处朱青副处长、刘红芳老师一直以来的帮助！感谢江西省生态办胡国珠、罗斌华两位同志为本书撰写所提供的资料和素材，感谢东华理工大学招生就业处徐步朝副处长给予的中肯建议。感谢研究生尧志祥、赵园妹、董信涛、万庭君、关怡婕等在资料收集、数据整理、模型建构方面付出的巨大努力！

本书的出版得到了东华理工大学地质资源经济与管理研究中心、东华理工大学学术专著出版基金、东华理工大学资源与环境经济研究中心、江西省软科学研究培育基地"资源与环境战略研究中心"的联合资助。感谢中国经济出版社贺静编辑为本书出版所给予的大量无私付出！

最后，谨以此书献给我最爱的家人！我在工作中取得的点滴成就都离不开亲情的理解和支持。多年来，我的父母对于我同在外二十余年的求学和工作而不能尽孝没有任何怨言，始终在背后默默支持我。感谢我的岳父岳母在背后默默地关心和付出。我还要特别感谢我的爱人熊玮女士，我们在工作上相互探讨，在生活中守望相助，工作中取得的点滴成就都离不开她在背后默默地包容和支持。本书的出版既是我们科研合作的成果，又是我们结婚八年守望相助的见证！最后，我要将此书献给我即将五岁的一双儿女糖糖和果果，每当我困顿懈怠之时，他们总能给我力量，希望他们远离疾疫、开心无忧、幸福快乐地成长！

郑　鹏

2019 年 7 月于南昌梅岭